SCIENTIA

Exposé et Développement des Questions scientifiques à l'ordre du jour.

RECUEIL PUBLIÉ SOUS LA DIRECTION
DE

MM. APPELL, CORNU, D'ARSONVAL, Membres de l'Institut ;
HALLER, Professeur à la Faculté des Sciences de Paris ;
LIPPMANN, MOISSAN, POINCARÉ, POTIER, Membres de l'Institut,

POUR LA PARTIE PHYSICO-MATHÉMATIQUE

ET SOUS LA DIRECTION
DE

MM. D'ARSONVAL, FILHOL, FOUQUÉ, GAUDRY, GUIGNARD,
Membres de l'Institut ; HENNEGUY, Professeur au Collège de France ;
MAREY, MILNE-EDWARDS, Membres de l'Institut.

POUR LA PARTIE BIOLOGIQUE

Chaque fascicule comprend de 80 à 100 pages in-8° écu, avec cartonnage spécial.

Prix du fascicule : 2 francs.

On peut souscrire à une série de 6 fascicules (*Série physico-mathématique* ou *Série biologique*) au prix de **10 francs.**

A côté des revues périodiques spéciales enregistrant au jour le jour le progrès de la Science, il nous a semblé qu'il y avait place pour une nouvelle forme de publication, destinée à mettre en évidence, par un exposé philosophique et documenté des découvertes récentes, les idées générales directrices et les variations de l'évolution scientifique.

A l'heure actuelle, il n'est plus possible au savant de se spécialiser ; il lui faut connaître l'extension graduellement croissante des domaines voisins : mathématiciens et physiciens, chimistes et biologistes ont des intérêts de plus en plus liés.

C'est pour répondre à cette nécessité que, dans une série de monographies, nous nous proposons de mettre au point les questions particulières, nous efforçant de montrer le rôle actuel et futur de telle ou telle acquisition, l'équilibre qu'elle détruit ou établit, la déviation qu'elle imprime, les horizons qu'elle ouvre, la somme de progrès qu'elle représente.

Mais il importe de traiter les questions, non d'une façon dogmatique, presque toujours faussée par une classification arbitraire, mais dans la forme vivante de la raison qui débat pas à pas le problème, en détache les inconnues et l'inventorie avant et après sa solution, dans l'enchaînement de ses aspects et de ses conséquences. Aussi, indiquant toujours les voies multiples que suggère un fait, scrutant les possibilités logiques qui en dérivent, nous efforcerons-nous de nous tenir dans le cadre de la méthode expérimentale et de la méthode critique.

Nous ferons, du reste, bien saisir l'esprit et la portée de cette nouvelle collection, en insistant sur ce point, que la nécessité d'une publication y sera toujours subordonnée à l'opportunité du sujet.

SÉRIE PHYSICO-MATHÉMATIQUE

APPELL (P.). *Les mouvements de roulement en dynamique.*

COTTON (A.). *Le phénomène de Zeemann.*

DÉCOMBES (L.). *La compressibilité des gaz.*

DÉCOMBES. *La célérité des ébranlements de l'éther.*

FREUNDLER (P.). *La stéréochimie.*

HADAMARD (J.). *La série de Taylor et son prolongement analytique.*

JOB (A.). *Les terres rares.*

LAISANT (C.-A.). *L'interpolation.*

LIPPMANN (G.). *Détermination de l'Ohm.*

MACÉ DE LÉPINAY. *Interférences et applications à la métrologie.*

MAURAIN (CH.). *Le magnétisme du fer.*

POINCARÉ (H.). *La théorie de Maxwell et les oscillations hertziennes.*

RAOULT. *Vaporisation des dissolutions.*

RAVEAU. *Les nouveaux gaz.*

VILLARD. *Les rayons cathodiques.*

WALLERANT. *Groupements cristallins.*

SÉRIE BIOLOGIQUE

ARTHUS (M.). *La coagulation du sang.*

BARD (L.). *La spécificité cellulaire.*

BERTRAND (M.). *Mouvements orogéniques et déformations de l'écorce terrestre.*

BOHN. *L'évolution des pigments.*

BONNIER (P.). *L'orientation.*

BORDIER (H.). *Les actions moléculaires dans l'organisme.*

COURTADE. *L'irritabilité dans la série animale.*

DELAGE (YVES) et LABBÉ (A.). *La fécondation chez les animaux.*

DUBOIS (H.). *Le sommeil.*

BABRE-DOMERGUE. *Le cytotropisme.*

FRENKEL (H.). *Les fonctions rénales.*

GILBERT (A.) et CARNOT. *Les fonctions hépatiques.*

GRIFFON. *L'assimilation chlorophyllienne et la structure des plantes.*

HALLION. *Modifications du sang sous l'influence des solutions salines.*

HALLION et JULIA. *Action vasculaire des toxines microbiennes.*

LE DANTEC (F.). *La Sexualité.*

MARTEL (A.). *Spéléologie.*

MAZÉ (P.). *Evolution du carbone et de l'azote.*

MENDELSSOHN (M.). *Les réflexes.*

POIRAULT (G.). *La fécondation chez les végétaux.*

RENAULT (B.). *La houille.*

ROGER (H.). *L'infection.*

THIROLOIX (J.). *La fonction pancréatique.*

VAN GEHUCHTEN (A.). *La cellule nerveuse et la doctrine des neurones.*

VACHIDE (N.). *Introduction à la psychologie physiologique.*

WINTER (J.). *La matière minérale dans l'organisme.*

CHARTRES. — IMPRIMERIE DURAND, RUE FULBERT

SCIENTIA

BIOLOGIE

nº 10

L'ASSIMILATION CHLOROPHYLLIENNE

ET

LA STRUCTURE DES PLANTES

PAR

ED. GRIFFON

Ingénieur agronome, Docteur ès sciences.

TABLE DES MATIÈRES

L'ASSIMILATION CHLOROPHYLLIENNE

ET LA STRUCTURE DES PLANTES

INTRODUCTION

La Physiologie végétale est arrivée aujourd'hui à une connaissance assez avancée des conditions qui déterminent les fonctions de nutrition des plantes. En ce qui concerne l'assimilation chlorophyllienne par exemple, fonction restée il est vrai encore mystérieuse dans son mécanisme intime, ces conditions ont été étudiées avec beaucoup de soin par un grand nombre de physiologistes, et aujourd'hui, on est à peu près d'accord sur le sens et la valeur de leur influence.

Des travaux nombreux ont été effectués sur la nature et les propriétés physico-chimiques de la matière verte; les procédés expérimentaux employés pour mesurer les échanges gazeux résultant de l'assimilation ont reçu, dans ces derniers temps, des perfectionnements qui facilitent beaucoup les recherches et leur assurent toute la rigueur voulue.

Mais il est un point qui, à cause de la difficulté des comparaisons, et aussi des nombreuses particularités qu'il présente, a été presque complètement laissé dans l'ombre : c'est l'influence de la structure des plantes sur la décomposition de l'acide carbonique. Nous possédons bien, sur cette importante question, un certain nombre de données intéressantes; mais, comme elles ont été obtenues en se plaçant, pour chacune d'elles, à un point de vue spécial, elles sont restées éparses, et aucune idée générale bien nette ne s'en est dégagée jusqu'ici.

Rassembler ces résultats isolés, essayer de les interpréter et d'en tirer les conséquences qu'ils comportent, tel est le but que nous nous sommes proposé en écrivant ce travail.

Il est juste de dire, toutefois, que, d'après certaines écoles anatomiques, il serait possible de prévoir l'intensité des fonctions physiologiques par le simple examen de la structure des organes. Mais l'expérience a donné tant de fois des démentis à ces sortes de prévisions, qu'elles ne peuvent être acceptées sans contrôle.

Malheureusement, les choses sont telles qu'il n'est pas toujours facile d'avoir recours à la vérification expérimentale et directe. D'autre part, ces prévisions qui, au fond, sont basées sur des explications souvent fort ingénieuses, bien que laissant la part trop large à l'hypothèse, peuvent cependant conduire à des résultats importants; il ne faut pas les dédaigner *a priori*, mais les considérer simplement comme des données provisoires attendant la sanction de l'expérience.

On sait que chaque plante a une structure qui lui appartient en propre et qu'elle tient de ses ascendants par voie d'hérédité. Mais d'un autre côté, et plus que les animaux peut-être, les végétaux sont doués d'une certaine plasticité; les variations du milieu physique peuvent leur faire subir d'importantes modifications morphologiques. C'est ce qui ressort très nettement des nombreuses recherches expérimentales faites en France notamment, et qui montrent combien étaient fondées les vues profondes de Buffon, de Gœthe et de Lamarck sur l'évolution des êtres.

Ces recherches qui, disons-le en passant, sont plus nombreuses et plus décisives à l'heure actuelle dans le domaine de la Botanique que dans celui de la Zoologie, qui constituent de très sérieux arguments en faveur du néo-Lamarckisme aujourd'hui florissant, nous montrent qu'il faut renoncer définitivement à la conception de Claude Bernard, pour qui « le corps de l'être vivant serait une sorte de moule idéal dans lequel circulerait un courant de matière sans cesse renouvelée, véritable *tourbillon vital*, mais dont l'évolution morphologique serait entièrement soustraite à l'action du milieu ambiant ».

Or, ces modifications anatomiques retentissent forcément sur les fonctions physiologiques et notamment sur la fonction chlorophyllienne.

Nous aurons par suite à envisager les travaux qui ont été consacrés à la recherche de l'énergie assimilatrice d'une part, chez les plantes qui diffèrent entre elles au point de vue anatomique à raison de leur nature propre, d'autre part chez des plantes de même espèce, mais dont les différences structurales sont dues à l'action du milieu.

Nous ferons précéder cette étude de quelques développements sur l'énergie assimilatrice et sa mesure; nous la terminerons en passant en revue les principaux facteurs tirés de la plante elle-même et capables de faire varier l'intensité avec laquelle l'acide carbonique est décomposé.

CHAPITRE PREMIER

L'ÉNERGIE ASSIMILATRICE ET SA MESURE

Les végétaux verts empruntent la plus grande partie, sinon la totalité du carbone dont ils ont besoin pour édifier leurs tissus, à l'acide carbonique de l'air. On admet généralement que le gaz carbonique qui a pénétré dans un organe vert est décomposé par les *chloroleucites*, petites masses protoplasmiques imprégnées de pigments jaunes et verts et qu'on appelle encore, mais improprement, *grains de chlorophylle :* l'oxygène se dégage, tandis que le carbone est fixé.

Ce phénomène étant essentiellement endothermique exige, pour qu'il puisse s'accomplir, une énergie extérieure, et on sait que celle-ci provient de l'absorption par la chlorophylle d'un certain nombre de radiations lumineuses dont on connaît aujourd'hui les longueurs d'onde respectives (1).

Or, comme l'a fait remarquer M. Berthelot (2), la plupart des réactions chimiques provoquées par la lumière sont exothermiques ; la décomposition de l'acide carbonique avec fixation de carbone et dégagement d'oxygène, phénomène que la Physiologie végétale dénomme *assimilation chlorophyllienne*, ne rentre donc pas dans cette catégorie. M. Berthelot fait, il est vrai, observer qu'on n'a jamais prouvé qu'il ne se produise pas, pendant l'accomplissement de cette fonction, de réactions complémentaires et simultanées provoquées par les radiations emmagasinées qui fourniraient l'énergie indis-

---

(1) Pour l'étude de la chlorophylle et des produits de l'assimilation, voir MAZÉ. *Evolution du carbone et de l'azote.* SCIENTIA. Série biologique, n° 6.

(2) *C. R.*, CXII, p. 329.

pensable. En réalité, le mécanisme intime de l'assimilation chlorophyllienne nous est inconnu, et l'absorption du gaz carbonique, le dégagement d'oxygène ne sont que les termes extrêmes et facilement mesurables d'une série de réactions dont les termes intermédiaires restent encore cachés.

On admet cependant d'une manière générale que la fonction chlorophyllienne a pour effet immédiat d'élaborer synthétiquement, aux dépens de l'eau et de l'acide carbonique, les hydrates de carbone condensés (glucose, saccharose, amidon) qu'on rencontre dans les organes qui assimilent. Mais de bons esprits, frappés en particulier de la rapidité extrême avec laquelle les hydrates de carbone apparaissent dans les chloroleucites, sont portés à croire que ces composés proviennent de la destruction de matières azotées quaternaires, lesquelles seraient les premiers produits formés dans la synthèse assimilatrice.

L'intensité de la fonction chlorophyllienne, que nous désignerons le plus souvent dans la suite sous le nom d'*énergie assimilatrice*, se mesure donc par la quantité d'acide carbonique décomposé ou d'oxygène dégagé dans l'unité de temps et par unité de surface.

Un certain nombre de physiologistes, à la suite de Sachs, avaient cru pouvoir apprécier cette énergie en évaluant les quantités d'amidon formé. Nous montrerons plus loin pourquoi cette méthode doit être rejetée et nous ferons voir par de nombreux exemples à quelles erreurs elle a conduit bien des expérimentateurs. On pourrait encore chercher à déterminer les gains de carbone en un temps donné, mais le procédé est long et s'applique difficilement à l'étude d'organes détachés de la plante (feuilles); de plus, il nécessite à chaque dosage la destruction de l'échantillon qui a servi à l'expérience. Ajoutons que les travaux de MM. Dehérain, Petermann, Acton, Laurent, Meyer, Hansteen, Bokorny, Mazé, tendent à montrer que le carbone organique concourt aussi, au moins dans certains cas, à la nutrition des plantes. La recherche des augmentations de poids sec est plus expéditive, mais elle ne présente pas de garanties sérieuses, car nous connaissons mal les relations qui existent entre ces augmentations et l'intensité avec laquelle l'acide carbonique est décomposé; en outre, on est obligé aussi par cette méthode d'opérer au début, non sur les plantes mêmes qui seront observées pendant l'assimilation, mais sur d'autres échantillons semblables qu'on dessèche pour en obtenir le poids sec; et, à la fin de l'expérience, les plantes employées doivent nécessairement être sacrifiées.

La mesure des échanges gazeux à la lumière est encore compliquée par la respiration de la plante dont les effets sont contraires à ceux de la fonction chlorophyllienne; le protoplasme incolore en effet absorbe de l'oxygène et dégage de l'acide carbonique. La respiration se produisant seule pendant la nuit, les physiologistes du commencement de ce siècle en avaient conclu que les plantes ont une respiration diurne et une respiration nocturne. Mais, en 1851, Garreau (1), par des expériences qui sont devenues classiques, montra que la respiration se produit aussi bien à la lumière qu'à l'obscurité, mais qu'elle est masquée par l'assimilation. Avant lui, Mayer, Dutrochet, Mohl professaient cette opinion. Garreau empêchait l'assimilation de se produire en absorbant avec de l'eau de baryte l'acide carbonique contenu sous la cloche qui recouvrait la plante. De Saussure (2) avait obtenu un résultat analogue en employant l'eau de chaux; en outre, il avait vu, en analysant les gaz avant et après l'expérience (ce que n'avait pas fait Garreau), que l'acide carbonique dégagé pendant la respiration correspond bien à une absorption d'oxygène. Enfin, MM. Bonnier et Mangin (3) sont parvenus dans ces derniers temps à distinguer et à mesurer d'une manière rigoureuse l'assimilation et la respiration.

Parmi les méthodes employées par ces savants physiologistes, citons d'abord celle qui repose sur l'emploi des *anesthésiques*. Son principe se trouve contenu dans une expérience célèbre de Claude Bernard, qui est la suivante : lorsqu'on mélange à l'eau qui contient des plantes aquatiques vertes une petite quantité d'un anesthésique tel que l'éther ou le chloro-

---

(1) Garreau. *Ann. Sc. nat. Bot.*, 3e série, t. XV, p. 536 et t. XVI, p. 271, 1851.

(2) De Saussure. *Recherches chimiques sur la végétation*, p. 34, 35, 36. Paris, 1804.

(3) Bonnier et Mangin. *L'assimilation chlorophyllienne séparée de la respiration. Ann. Sc. nat. Bot.*, 7e série, t. III, p. 5, 1886.

forme, le dégagement d'oxygène cesse de se produire, mais la respiration n'est pas arrêtée. MM. Bonnier et Mangin ont alors calculé par des tâtonnements successifs, et pour un cas donné, la quantité d'anesthésique nécessaire pour suspendre l'assimilation chlorophyllienne sans modifier sensiblement le phénomène respiratoire; dans ce but, des plantes vertes étaient exposées à l'obscurité, de manière à éliminer l'assimilation, et mises successivement dans une atmosphère normale et dans une atmosphère chargée de vapeurs d'éther ou de chloroforme. On trouvait ainsi, après de nombreux essais, la dose la plus élevée pour laquelle la respiration ne changeait pas. MM. Bonnier et Mangin exposaient ensuite à la lumière, dans une atmosphère normale, puis dans une atmosphère contenant une éponge imbibée de la quantité voulue d'anesthésique, un même lot de plantes pendant des temps égaux. Pendant la première partie de l'expérience, la respiration et l'assimilation se superposaient; pendant la seconde, la respiration seule se produisait, la comparaison des échanges gazeux dans les deux cas permettait donc de déterminer la valeur de l'assimilation. En effet, soient c le volume de l'acide carbonique dégagé et o le volume de l'oxygène absorbé par la respiration seule; c' le volume de l'acide carbonique absorbé et o' le volume de l'oxygène dégagé par la résultante des deux phénomènes: il est clair que, puisque l'assimilation est inverse de la respiration, et que par suite de son intensité elle donne son signe à la résultante, on doit avoir, pour l'oxygène dégagé par l'assimilation seule, $O = o + o'$ et, pour l'acide carbonique absorbé, $C = c + c'$. Avec cette méthode, une expérience faite sur le Houx a donné comme valeur du quotient assimilateur $\frac{O}{C} = a$, le nombre 1,16; ce quotient a été de 1,14 avec le Genêt et de 1,10 avec le Fusain.

Suivant une autre méthode, on expose successivement une même plante à l'obscurité et à la lumière. Or on sait, d'après les mêmes auteurs, que si l'obscurité supprime bien la fonction chlorophyllienne, la lumière par contre réduit la respiration. Mais des expériences antérieures ont fait connaître la valeur de l'influence retardatrice de la lumière sur le phénomène respiratoire; on peut donc connaître la respiration à la lumière, et, comme on connaît aussi la résultante, il est facile, par comparaison, d'en déduire la valeur de l'assimilation seule. Soient donc c' le volume de l'acide carbonique dégagé et o' la quantité d'oxygène absorbé pendant le séjour à l'obscurité; on sait que $\frac{c'}{o'} = \frac{co^2}{o} =$ constante $= r$. Après l'exposition à la lumière, on trouve c comme volume d'acide carbonique disparu et o comme volume d'oxygène dégagé; mais c et o sont les volumes gazeux échangés pendant que s'accomplissent à la fois la respiration et l'assimilation. Or les feuilles à la lumière ont décomposé la quantité c d'acide carbonique plus une quantité x que la respiration a produite; elles ont en outre dégagé la quantité o d'oxygène retrouvée en excès à la fin de l'expérience, plus une quantité y qui a été immédiament utilisée par la respiration. Donc le véritable rapport des volumes gazeux échangés pendant l'assimilation seule est :

$$\frac{y+o}{x+c} = \frac{O}{C} = a.$$

Nous ne connaissons pas directement, il est vrai, x et y, la respiration étant moins intense à la lumière qu'à l'obscurité; mais on sait que, pour les tissus sans chlorophylle, l'influence retardatrice de la lumière est comprise entre $\frac{1}{3}$ et $\frac{1}{20}$. Si nous supposons qu'il en est de même pour les tissus verts, les feuilles auront donc absorbé des volumes d'oxygène compris entre $\frac{19}{20}o'$ et $\frac{2}{3}o'$; elles auront dégagé des quantités d'acide carbonique comprises entre $\frac{19}{20}c'$ et $\frac{2}{3}c'$. La valeur de a varie donc entre :

$$\frac{\frac{19}{20}o' + o}{\frac{19}{20}c' + c} = a_1 \quad \text{et} \quad \frac{\frac{2}{3}o' + o}{\frac{2}{3}c' + c} = a_2.$$

Pour le Genêt, a oscille entre 1,12 et 1,26; avec le Pin sylvestre, les limites ont été 1,10 et 1,30, et avec le Fusain du Japon 1,10 et 1,25. Ces nombres, comme on le voit, sont voisins de ceux qui ont été obtenus à l'aide de la première méthode dont ils vérifient la solidité.

Une troisième méthode, employée par MM. Bonnier et

Mangin, est fondée en partie sur les expériences de de Saussure et de Garreau. « Deux récipients identiques contiennent chacun des poids égaux de branches feuillées aussi semblables que possible et disposées de manière à recevoir les radiations de la même façon. L'un de ces vases I renferme une dissolution concentrée de baryte; l'autre II contient un égal volume d'eau pure. On expose ces deux vases à la lumière diffuse ou directe, et, lorsqu'on juge que la durée de l'expérience a été suffisante, on introduit dans le vase I, au moyen d'une pipette à robinet, quelques gouttes d'acide chlorhydrique additionné de tournesol : le carbonate de baryte se décompose, et l'acide carbonique fixé par cette base est restitué à l'atmosphère ambiante. Le mélange gazeux est brassé au moyen d'un appareil à prises et l'on extrait une certaine quantité de gaz de l'appareil I; on fait en même temps une prise dans l'appareil II où l'on n'a pas introduit de baryte.

« On voit ainsi que, dans le récipient sans baryte, l'action chlorophyllienne s'exerçant librement, la quantité d'acide carbonique absorbée sera plus grande que dans le récipient où l'absorption de l'acide carbonique par les feuilles est contre-balancée par la dissolution de baryte. Par suite, qu'arrivera-t-il si l'on compare, après l'introduction de l'acide chlorhydrique qui a décomposé le carbonate de baryte formé, les analyses de l'atmosphère confinée des deux récipients? On trouvera dans le récipient sans baryte une proportion d'oxygène plus grande et une proportion d'acide carbonique plus faible que dans le récipient à baryte; en outre, la différence O de l'oxygène dans les deux vases représente l'oxygène qui a été dégagé en plus dans le récipient sans baryte; la différence C d'acide carbonique représente la proportion de ce gaz qui, fixée par la baryte et restituée par l'acide chlorhydrique, a échappé à l'absorption. Si les deux lots de plantes sont comparables entre eux, la fraction $\frac{O}{C}$ donnera donc la valeur du rapport des gaz échangés par l'action chlorophyllienne seule ». Avec cette méthode, le quotient assimilateur a été de 1,13 pour le Genêt, de 1,12 et 1,10 pour le Pin sylvestre, de 1,22 pour le Houx.

Enfin MM. Bonnier et Mangin ont employé une dernière méthode, basée sur la comparaison des échanges gazeux de branches inégalement vertes exposées à la lumière. Si deux branches de même âge, inégalement vertes, mais ayant la même activité respiratoire, sont exposées en même temps à la lumière, l'action chlorophyllienne se manifestera avec des intensités différentes pour ces deux branches : on trouvera, en faveur de l'échantillon le plus vert, un excès d'acide carbonique absorbé et d'oxygène dégagé, qui est dû à l'activité plus grande du phénomène chlorophyllien chez ce dernier. On pourra donc déduire de cette comparaison le rapport $\frac{O}{C} = a$, dû à l'action chlorophyllienne seule. Ce rapport, pour le Fusain du Japon, s'est trouvé égal à 1,25.

Les expériences qui précèdent permettent donc d'étudier l'assimilation chlorophyllienne isolément ; mais il est difficile de formuler des conclusions générales si l'on veut comparer dans une même plante l'intensité de la respiration et de l'assimilation. C'est qu'en effet, les conditions expérimentales ont été très variables, en ce qui concerne notamment la température et la lumière. Toutefois, on peut dire que, quand la résultante des échanges gazeux a été mesurée directement, le rapport $\frac{O'}{C} = 1$. C'est ce qui ressort des très nombreuses expériences exécutées en particulier par Boussingault (1) et par MM. Bonnier et Mangin (2). En outre, pour la respiration seule, on a souvent $\frac{CO^2}{O} < 1$, et pour l'assimilation chlorophyllienne envisagée séparément $\frac{O}{C} > 1$. Rappelons enfin que le quotient respiratoire $\frac{CO^2}{O}$ est, selon MM. Bonnier et Mangin, et pour une plante donnée, indépendant des conditions extérieures telles que lumière, température, état hygrométrique, pression extérieure de l'oxygène et de l'acide carbonique ; c'est cette circonstance qui précisément fait l'unité du phénomène respiratoire.

Certains auteurs, Corenwinder (3), Kreussler (4), ont

(1) Boussingault. *Agronomie*, III, p. 266, 1864.
(2) Bonnier et Mangin, *loc. cit.*
(3) Corenwinder. *Ann. de Ch. et de Phys.*, 3e série, t. LIV, p. 321.
(4) Kreussler. *Ann. Agron.*, t. XIV, p. 89.

pourtant essayé de comparer dans une plante verte les intensités respectives de la respiration et de l'assimilation. Corenwinder a trouvé que, le matin, il suffit souvent de trente minutes d'insolation pour récupérer ce que les feuilles peuvent avoir perdu pendant leur séjour à l'obscurité. Kreussler a montré que, pour le Seringat (*Philadelphus coronarius*), le rapport de l'assimilation à la respiration est de $\frac{100}{3,5}$ à 25 degrés et de $\frac{100}{2,3}$ à 15 degrés avec de jeunes feuilles; il est de $\frac{100}{16,5}$ à 25 degrés, et de $\frac{100}{5,3}$ à 15 degrés avec des feuilles âgées.

Dans le cours de ce travail, l'énergie assimilatrice se rapportera toujours à l'intensité de la résultante de la fonction chlorophyllienne et de la respiration. C'est en effet la valeur de cette intensité qu'il importe surtout de connaître pour comprendre le mode de vie de la plante; les Rhinanthacées, par exemple, sont parasites, et précisément, comme l'a montré M. Bonnier, la résultante de l'assimilation et de la respiration est chez elles faible ou nulle, ce qui les oblige à prendre la plus grande partie de leur carbone chez des plantes hospitalières.

Mais, dans la recherche de cette énergie assimilatrice, il est absolument essentiel de bien indiquer les conditions de milieu dans lesquelles on opère. La chaleur, par exemple, augmente la respiration, et il n'y a pas d'optimum pour cette action; elle active aussi l'assimilation, mais il y a un optimum cette fois et l'augmentation produite n'est pas la même dans les deux cas. La lumière active très fortement la décomposition de l'acide carbonique; elle ralentit au contraire le phénomène respiratoire. La teneur de l'air ambiant en acide carbonique favorise beaucoup l'assimilation et l'optimum est compris entre 5 et 10 p. 100 de ce gaz. On peut donc trouver des résultats très différents comme valeur et même comme sens de la résultante, si l'on fait varier de diverses façons chacun des facteurs précédents. C'est ce qui explique que, sur des mêmes sujets concernant la recherche de l'énergie assimilatrice, les expérimentateurs n'aient pas obtenu les mêmes résultats; nous aurons l'occasion de le constater à plusieurs reprises.

Lorsque l'on compare les énergies assimilatrices de deux feuilles, de deux plantes ou fractions de plantes, on n'envisage le plus souvent, avons-nous dit, que la résultante de la fonction chlorophyllienne et de la respiration. Mais quand cette résultante est inférieure à zéro, c'est-à-dire que la respiration l'emporte à la lumière, on peut avoir besoin de connaître la valeur exacte de l'intensité du phénomène chlorophyllien. Dans ce cas, on a recours aux méthodes de séparation employées par MM. Bonnier et Mangin. Mais généralement on se borne à rechercher si l'assimilation est nulle, ou si, tout en existant, elle est simplement faible, inférieure par suite à la respiration. Il suffit alors de comparer les dégagements d'acide carbonique à la lumière et à l'obscurité : on voit alors très facilement si les différences observées peuvent être attribuées uniquement à l'action retardatrice de la lumière, auquel cas l'assimilation serait nulle, ou si les différences sont trop grandes pour ne pas impliquer l'existence d'une action chlorophyllienne plus ou moins grande.

L'examen du coefficient respiratoire $\frac{CO^2}{O}$ donne également à ce sujet d'excellentes indications. En effet, ce coefficient ne varie pas à la lumière et à l'obscurité. Si donc, dans les expériences en question, il est constant, c'est que l'assimilation est nulle; s'il varie, la cause doit en être attribuée à une décomposition d'acide carbonique.

On peut encore employer la méthode suivante, due à Boussingault (1). On prépare sur l'eau plusieurs cloches d'hydrogène ou d'azote dans lesquelles on introduit un peu d'acide carbonique; on y fait passer ensuite un bâton de phosphore avec la plante à étudier. Cette dernière entraîne toujours avec elle un peu d'air; aussi le phosphore ne tarde-t-il pas à émettre, par combustion lente, des fumées d'acide phosphorique et d'acide phosphoreux. Si on laisse les cloches ainsi préparées à l'obscurité pendant quelque temps, les vapeurs se dissolvent dans l'eau et disparaissent. On expose ensuite les cloches au soleil : s'il se produit des fumées blanches, c'est que l'action chlorophyllienne s'est manifestée, de l'oxygène ayant été émis; dans le cas contraire, l'assimilation est nulle, ainsi que le

(1) Boussingault. *Agronomie*, etc., t. IV, p. 267.

montre une éprouvette témoin dans laquelle on n'a mis aucune plante.

Bien que nous ayons posé en principe que la mesure de l'énergie assimilatrice doive se baser sur l'évaluation des échanges gazeux, un certain nombre d'expérimentateurs se sont contentés, à la suite de Sachs, de doser l'amidon formé dans un temps donné. Le moment est venu de dire ce qu'il convient de penser de cette méthode. Voici d'abord en quoi elle consiste. « Dans une feuille large et aussi homogène que possible au point de vue de la distribution des nervures et du parenchyme, on enlève à l'emporte-pièce, sur l'une des moitiés, un certain nombre de morceaux d'une surface connue, qu'on dessèche doucement et qu'on pèse lorsqu'ils sont secs. On met ensuite ce qui reste de la feuille en expérience : on l'expose au soleil, par exemple, et il s'y fait de l'amidon. Pour en évaluer la quantité, à la fin de la journée on découpe, dans la moitié restée intacte, de nouveaux morceaux qu'on traite comme les premiers. La différence de poids était comptée comme gain d'amidon par Sachs, qui croyait que tous les matériaux d'assimilation passaient par ce stade ; ou plutôt, comme il savait bien qu'il y avait un courant de sucs élaborés sortant par le pétiole, le poids acquis dans la journée représentait la différence des entrées et des sorties. Quand on supprimait les sorties en détachant la feuille et en plongeant son pétiole dans l'eau pour éviter sa dessiccation, le poids gagné par la feuille pendant la même durée d'insolation était en effet plus considérable (1). »

Mais on comprend qu'il soit impossible de considérer les gains obtenus comme représentant uniquement de l'amidon. On est donc obligé de doser directement ce dernier, pour savoir dans quelle proportion il entre dans le gain total.

Voici comment opèrent MM. Brown et Morris. « Ils dessèchent d'abord aussi rapidement que possible les fragments de feuilles mis en expérience, et qui se vident assez vite de leur amidon si on les laisse continuer à respirer. Pour éviter ces pertes, on tue la feuille, soit en l'exposant quelques instants aux vapeurs du chloroforme, soit en la desséchant rapi-

---

(1) Duclaux. *Traité de Microbiologie*, t. II. Paris, 1899.

dement à 75 ou 80 degrés. On pulvérise après dessiccation, et on traite la poudre par l'éther, dans un appareil à épuisement, pour enlever la chlorophylle et les matières grasses. Puis on fait digérer pendant 24 heures à 40 degrés, à deux reprises, avec de l'alcool à 80 degrés G. L., pour enlever tous les sucres. On lave ensuite par décantation avec de l'alcool chaud, et le résidu est chauffé avec de l'eau, pour gélatiniser l'amidon. On refroidit à 50 degrés; on ajoute de la diastase et on laisse deux heures à 50, 55 degrés. Au bout de ce temps, on fait bouillir, on filtre et on cherche quel est le pouvoir rotatoire et le pouvoir réducteur du liquide filtré, ce qui permet de savoir combien il contient de maltose et de dextrine. »

Par ce procédé, on trouve que l'amidon formé ne représente qu'une fraction de l'augmentation de poids survenue pendant l'insolation. Précisons à l'aide de quelques chiffres : une feuille de Grand Soleil (*Helianthus annuus*), coupée et exposée à la lumière dans la journée du 23 août, avait gagné en poids sec plus de 12 grammes par mètre carré. Laissée sur la plante, elle n'avait plus gagné que 8 gr. 5, par suite de l'émigration des principes immédiats par le pétiole. Or, cette feuille, au commencement de la journée, ne contenait que 1 gr. 05 d'amidon par mètre carré et 2 gr. 45 à la fin : le gain n'a donc été par suite que de 1 gr. 4. L'amidon n'est donc qu'une petite fraction de l'assimilation totale et nous dirons tout à l'heure pourquoi.

Quelquefois, on veut simplement voir s'il s'est formé de l'amidon, afin d'en déduire, d'après la théorie de Sachs, si l'assimilation a eu lieu ou non. Voici la méthode la plus simple qu'on peut employer à cet effet et dont Sachs lui-même a fait le premier usage. On place pendant quelques minutes dans l'eau bouillante les feuilles à étudier et on les porte ensuite dans de l'alcool très fort, chauffé à 60 degrés centigrades. La chlorophylle disparaît rapidement et, au bout de quelques minutes, les tissus deviennent incolores. On met ensuite les feuilles dans une dissolution d'iode et on les y laisse séjourner pendant une demi-heure ou une heure, jusqu'à ce qu'elles n'éprouvent plus de changement de coloration. On les enlève et on les place dans une capsule remplie d'eau. S'il n'y a pas d'amidon, les feuilles colorées par l'iode se montrent d'un jaune clair; s'il y en a, la teinte jaune s'assombrit et souvent passe au bleu.

Mais on peut avoir besoin d'apprécier la quantité d'amidon

formé dans deux feuilles données, par exemple, et alors il faut voir les grains eux-mêmes dans les cellules du mésophylle. La méthode précédente ne suffit plus et on la remplace par la suivante. On plonge les coupes dans de l'alcool fort et chaud, afin d'enlever les pigments chlorophylliens; on les place ensuite dans une dissolution d'hydrate de potassium de moyenne concentration, pendant peu de temps si la solution est chaude, pendant vingt heures si elle est froide. On lave les coupes avec soin et on les traite à l'acide acétique dilué, jusqu'à neutralisation complète de l'hydrate de potassium; on les passe à l'eau distillée et on les met dans une goutte de solution iodo-iodurée (0 gr. 05 d'iode et 0 gr. 2 d'iodure de potassium dans 15 grammes d'eau), qui colore les grains d'amidon en bleu.

Quoi qu'il en soit de ces procédés, il est une chose qui aujourd'hui est absolument hors de doute, c'est que l'amidon n'est pas un terme nécessaire de passage des matériaux hydrocarbonés provenant de la synthèse assimilatrice. C'est simplement, dit M. Duclaux, un état de dépôt provisoire pour quelques-uns d'entre eux; la formation de l'amidon apparaît alors comme comparable à celle d'un cristal dans une solution sursaturée. Ce sont les entrées et les départs d'hydrates de carbone qui règlent dans les cellules la production des grains d'amidon.

Du reste, M. Saposchnikoff (1) a montré récemment que, contrairement à ce qu'on admet en thèse générale, tout le carbone de l'acide carbonique décomposé ne passe pas à l'état d'hydrates de carbone. Si l'on calcule, d'une part la quantité d'acide carbonique décomposé et, d'autre part, celle de glucose formé, on trouve que la première est plus forte que la seconde; d'autres substances que les hydrates de carbone, de l'albumine probablement, ont donc pris naissance pendant l'assimilation. A plus forte raison, l'amidon formé ne peut-il à lui seul servir à mesurer l'énergie assimilatrice.

Ajoutons que certaines plantes, telles que l'Ail, l'Asphodele, l'Orchis, la Laitue, ne forment jamais d'amidon dans leurs chloroleucites, quand on les observe au cours de leur végétation normale; mais il suffit d'accroître l'intensité de l'assimi-

(1) Saposchnikoff. Bildung und Wanderung der Kohlenhydrate in den Laubblättern. *Berichte d. deut. bot. Gesell.* Nov. 1890.

lation du carbone, en élevant par exemple la pression du gaz carbonique, pour provoquer le dépôt de granules amylacés. Cela tendrait à prouver que, dans une cellule verte, l'amidon n'apparaît que lorsqu'elle contient une certaine proportion de sucres formés, ce qui est conforme à notre manière de voir.

Quelques mots, en terminant, sur les procédés expérimentaux employés pour mesurer les échanges d'acide carbonique et d'oxygène par les plantes vertes.

Depuis les recherches classiques de de Saussure, de Boussingault, de MM. Bonnier et Mangin, on sait qu'il est possible d'opérer sur des plantes entières ou des membres de plantes dans des atmosphères confinées. L'emploi de l'air confiné a rendu de grands services à la Physiologie; les appareils nécessaires sont en effet peu compliqués et d'une manipulation commode, ce qui permet de faire un grand nombre d'expériences. De plus, avec l'appareil à analyses de gaz de Leclerc, perfectionné par MM. Bonnier et Mangin (1) et qui est aujourd'hui très usité dans les laboratoires, il est possible de doser l'oxygène, l'acide carbonique et l'azote d'un mélange gazeux dans un temps très court, un quart d'heure par exemple. Si les éprouvettes qui contiennent les plantes sont de faibles dimensions, on peut, pour faire des prises de gaz, les renverser sur le mercure et faire échapper dans un petit tube quelques bulles qu'on vient analyser ensuite; c'est là comme on le voit un procédé très expéditif. Si les éprouvettes sont trop longues ou trop larges pour se prêter à cet usage, on les met en relation avec une pipette de Doyère, par exemple, ou avec un appareil très simple, dit appareil à prises (2), à l'aide duquel on peut prélever quand on veut, après brassage de la masse gazeuse, et sans rien déranger, de faibles quantités de gaz qu'on analyse ensuite.

L'ancienne méthode, qui consiste à mesurer le dégagement d'oxygène dans une eau chargée d'acide carbonique, est trop

---

(1) Voir, pour la description de cet appareil, *Revue générale de Botanique*, t. III, 1891, p. 97, et Grandeau. *Traité d'analyse des matières agricoles.*

(2) Voir pour la description de cet appareil, *Revue générale de Botanique*, 1892 (Recherches physiologiques sur les Lichens, par M. Jumelle).

peu rigoureuse pour être employée dans les recherches comparées d'énergies assimilatrices. Elle ne peut être utilisée que pour les plantes aquatiques ou encore pour les plantes aériennes quand, loin d'un laboratoire, on ne dispose que d'un matériel sommaire.

Les quantités d'oxygène dégagé ou d'acide carbonique décomposé sont, autant que possible, rapportées à l'unité de surface, seule base de comparaison sérieuse quand il s'agit des feuilles.

CHAPITRE II

PLANTES PRÉSENTANT LEUR STRUCTURE NORMALE

Nous distinguerons parmi ces plantes : 1° celles qui vivent par elles-mêmes, qui sont de beaucoup les plus nombreuses, et qu'on appelle parfois autosites; 2° celles qui sont parasites ou saprophytes, qui se développent plus ou moins complètement aux dépens de plantes vivantes ou de détritus de ces dernières, et qu'on peut nommer hystérosites.

Dans la première série nous étudierons l'assimilation chlorophyllienne comparée chez les plantes appartenant à des variétés ou espèces voisines, mais dont les feuilles sont inégalement vertes : chez les Ombellifères, chez les plantes grasses, chez les plantes rouges, chez les plantes panachées, chez les individus jeunes et adultes et dans des organes différents d'une même espèce.

Dans la seconde série, nous étudierons les plantes qui vivent aux dépens de matières mortes hémiorganisées (saprophytes) ou sur des hôtes végétaux vivants (parasites).

Enfin, nous terminerons par un court appendice sur l'assimilation chez les Algues.

Plantes ni parasites ni saprophytes.

1. *Plantes appartenant à des variétés ou à des espèces voisines, mais dont les feuilles sont inégalement vertes.* — Un certain nombre de plantes appartenant à des espèces voisines ou à des variétés d'une même espèce ont des feuilles qui diffèrent par l'intensité de la teinte verte et dès lors par la structure. M. Griffon (1) s'est proposé de rechercher quelle

(1) Ed. Griffon. L'assimilation chlorophyllienne et la coloration des plantes (*Ann. Sc. nat. Bot.*, 8° série, t. X, p. 1).

influence ces variations anatomiques peuvent avoir sur l'assimilation. Les espèces ou variétés qu'il a comparées sous ce rapport étaient choisies de même âge, ayant vécu côte à côte dans le même sol et exposées aux mêmes conditions météoriques, la nature des plantes seule faisant sentir son action sur la coloration, la structure, et conséquemment sur l'énergie assimilatrice.

Les expériences ont porté sur des Céréales (Blé, Seigle, Avoine, Orge), des Laitues, des Fuchsias, des Spirées, des Pêchers, des Pruniers, des Vignes, des Rosiers, des Bégonias, des Chrysanthèmes, des Cannas, etc.

Les résultats obtenus montrent que l'examen de la coloration des feuilles ainsi que de la structure ne permet pas toujours de prévoir, et quelquefois même d'expliquer, l'intensité de la fonction chlorophyllienne. Certes, très souvent, les feuilles d'un vert foncé (certaines variétés de Céréales, de Laitues et de Romaines, de Bégonias et de Fuchsias) ont une énergie assimilatrice supérieure à celle des feuilles de variétés voisines et qui sont d'un vert pâle; les chloroleucites sont alors plus nombreux dans chaque cellule, ou bien ils sont plus gros et chacun d'eux est plus riche en matière verte; le tissu palissadique est également plus développé.

Mais il y a des cas dans lesquels des feuilles ayant la même teinte verte assimilent différemment. C'est ce qui arrive pour les variétés de Fuchsias Blanche de Castille et Champion : cette dernière a des feuilles moins épaisses que celles de la première; néanmoins, ces feuilles sont aussi vertes, en raison de la plus grande richesse en chlorophylle; la faible épaisseur du mésophylle se trouve âlors compensée et au delà, en sorte que l'assimilation est plus intense.

Il arrive en outre que des feuilles d'un vert pâle assimilent autant et même plus que des feuilles d'un vert foncé (Pêcher, Prunier, Cânna, Chrysanthème, Troëne). Dans ce cas, il peut se faire que les différences d'énergie assimilatrice concordent encore avec les données tirées de la structure. Ainsi certaines feuilles vert foncé de Troëne (*Ligustrum ovalifolium*) ont dégagé moins d'oxygène que d'autres feuilles adultes du même pied et dont la teinte était plus pâle ; les quantités d'oxygène dégagé étaient dans le rapport de 100 à 115. Mais la feuille très verte avait un mésophylle dont l'épaisseur était de 243 μ, avec deux assises palissadiques mesurant ensemble 116 μ, alors que, chez la feuille pâle, ces dimensions étaient de 324 μ et 175 μ; seulement, dans cette dernière feuille, les chloroleucites, quoique très nombreux, étaient peu colorés, leurs granulations étant par contre très apparentes. Mais il peut aussi arriver que les faits physiologiques observés ne puissent pas s'expliquer uniquement à l'aide des données anatomiques, comme le montre entre autres l'exemple suivant : le *Spiræa Billardi* a les feuilles blondes; celles du *Spiræa Revesiana* sont glauques et à teinte plus

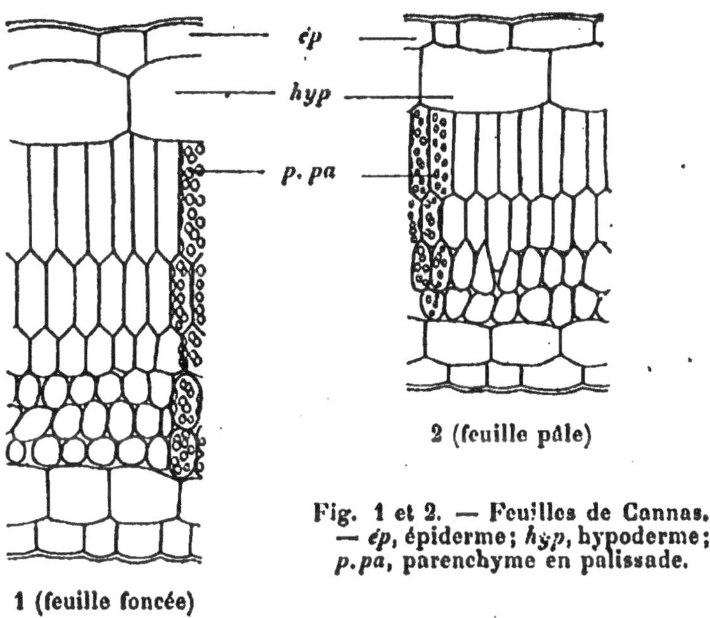

Fig. 1 et 2. — Feuilles de Cannas. — *ép*, épiderme; *hyp*, hypoderme; *p.pa*, parenchyme en palissade.

foncée. Pourtant les différences d'assimilation sont très faibles : ainsi, dans une expérience, la feuille très verte a dégagé 0 c.c. 039 d'oxygène et l'autre 0 c.c. 035; dans une seconde expérience, les volumes dégagés ont été de 0 c.c. 045 et 0 c.c. 042. La feuille foncée était deux fois plus épaisse que la feuille pâle; les chloroleucites avaient la même teinte dans les deux; le parenchyme palissadique de la feuille foncée était composé de quatre assises de cellules mesurant en tout 108 μ, soit 17 μ par cellule, alors que celui de la feuille pâle ne comprenait qu'une seule assise mesurant à elle seule 46 μ. Les feuilles du *Spiræa Revesiana* eussent donc dû avoir une énergie assimilatrice double environ de celle des feuilles du

Spiræa Billardi. On pourrait peut-être faire valoir que, toutes conditions étant égales d'ailleurs, une grande cellule palissadique (comme dans la feuille pâle) est beaucoup mieux adaptée à la fonction de décomposition de l'acide carbonique que de petites cellules superposées ayant ensemble la même dimension en longueur (comme dans la feuille foncée); mais, cette particularité unique, en admettant qu'elle ait une réelle influence, ne peut pas, pensons-nous, suffire à expliquer les résultats obtenus. Du reste, on ne peut l'invoquer dans deux variétés de Cannas dont les feuilles, très différentes comme épaisseur et comme richesse en chlorophylle, ont néanmoins la même énergie assimilatrice (fig. 1 et 2).

Ainsi donc, si dans un grand nombre de cas les diverses variations structurales ont sur la décomposition de l'acide carbonique des effets concordants ou opposés, dont la résultante n'est pas contradictoire avec les déductions anatomiques (résultante qui, disons-le en passant, ne peut être connue le plus souvent dans son sens et sa grandeur que grâce à l'*expérience* seule), il est d'autres cas dans lesquels l'explication n'est plus possible en s'en tenant aux facteurs généralement invoqués. Il doit donc y avoir dans les plantes, en dehors des variations de la structure et de la quantité de matière verte, d'autres causes dont il sera parlé plus loin (chap. IV) et qui influent sur l'énergie asssimilatrice.

2. *Ombellifères.* — En 1893, M. de Lamarlière (1) avait traité un sujet analogue en s'adressant aux principaux types d'Ombellifères.

Il avait montré dans la partie anatomique de son travail que, dans la famille des Ombellifères, la feuille varie beaucoup comme forme et comme structure. Certaines espèces (*Angelica silvestris*, *Trochiscanthes nodiflorus*, etc.) présentent la structure hétérogène dissymétrique la mieux caractérisée, alors que d'autre feuilles ont la structure hétérogène symétrique (*Trinia vulgaris*, *Fœnicula*, divers *Seseli*, etc.) (2). De plus, le

---

(1) L. Géneau de Lamarlière. Recherches physiologiques sur les Ombellifères. *Thèse* de Doctorat ès sciences, 2e mémoire. Paris, 1893.

(2) La structure du mésophylle est dite hétérogène quand il se trouve en même temps du parenchyme en palissade et du paren-

limbe est très diversement découpé : il existe comme une sorte de *balancement spécifique* qui tend à donner de l'épaisseur à la feuille dans les espèces où les découpures nombreuses réduisent la surface du limbe ; le balancement s'établit même entre les tiges et les feuilles. Ainsi, les espèces à grande surface foliaire (*Angelica*, *Archangelica*, *Heracleum*, etc.) ont une tige très pauvre en chlorophylle et dont le tissu assimilateur ne prend jamais la forme caractéristique en palissade. Au contraire les *Seseli*, certains *Bupleurum*, le *Petroselinum segetum*, qui ont des feuilles très découpées, et quelques autres, montrent un tissu palissadique très net, souvent développé en plusieurs assises dans la portion superficielle de la tige. Ce fait, d'ailleurs, n'est pas particulier à la famille des Ombellifères, et on en connaît beaucoup d'exemples, entre autres chez les *Sarothamnus* et les *Spartium* parmi les Légumineuses ; récemment même, M. Boirivant (1) l'a reproduit expérimentalement en amputant les feuilles d'un rameau en voie de croissance chez le *Faba vulgaris*, le *Sarothamnus scoparius*, le *Genista tinctoria*, le *Lathyrus odoratus*, l'*Atriplex nitens*, le *Linum usitatissimum*, le *Galium Cruciata*, le *Carpinus Betulus*, le *Mirabilis Jalapa*, l'*Asparagus officinalis*.

M. de Lamarlière, en présence de ces variations morphologiques, s'est demandé dans quelle mesure elles retentissent sur les fonctions physiologiques et notamment sur l'assimilation. Il a trouvé que cette fonction s'exerce avec d'autant plus d'intensité que les assises en palissade sont plus nombreuses. Pour une même surface, et toutes les conditions étant égales d'ailleurs, les feuilles à deux ou trois assises superposées (*Seseli Fœniculum*) assimilent deux ou trois fois plus que les feuilles des espèces qui n'ont qu'une seule assise en palissade (*Angelica silvestris*, *Heracleum*). L'auteur en conclut que ces résultats prouvent, en dehors du rôle considérable du tissu palissadique dans l'assimilation, que les assises externes des feuilles épaisses, bien que jouant le rôle d'écran par rapport aux assises situées au-dessous, gênent

---

chyme lacuneux ; on dit alors qu'il y a symétrie ou dissymétrie suivant que les deux moitiés, supérieure et inférieure, présentent ou non le même développement de ces deux parenchymes.

(1) Boirivant. Recherches sur les organes de remplacement chez les plantes. *Ann. Sc. nat. Bot.*, 8e série, t. VI, p. 1, 1898.

très peu la décomposition du gaz carbonique dans ces dernières. Nous discuterons plus loin (chap. IV) cette conclusion.

3. *Plantes grasses.* — En étudiant les plantes grasses, on se rend aussi très bien compte de l'influence profonde de la structure sur l'énergie assimilatrice. On savait déjà, depuis les célèbres expériences de de Saussure, que les plantes charnues, qui offrent peu de surface, décomposent sous le même volume beaucoup moins d'acide que les feuilles ordinaires. L'illustre physiologiste genevois, sans toutefois en donner des preuves directes, comme l'a fait observer plus tard Boussingault, admettait par suite que les parties vertes assimilent surtout en raison de leur surface, presque pas en raison de leur volume. Mais ce n'est pas tout. Il y a une vingtaine d'années, M. Mayer avait remarqué que certaines Crassulacées exposées à la lumière dégagent de l'oxygène dans une atmosphère complètement dépourvue d'acide carbonique. M. Aubert (1), qui a fait une étude détaillée des échanges gazeux chez les plantes grasses, a reconnu que le phénomène découvert par M. Mayer est commun à tous les végétaux charnus et se manifeste toutes les fois qu'ils sont exposés, soit à une basse température par une lumière diffuse faible, soit à une température moyenne par une lumière diffuse vive, soit enfin à une température élevée par un soleil ardent. Le même auteur a pu constater assez fréquemment dans certaines circonstances un dégagement simultané d'oxygène et d'acide carbonique à la lumière. Ce double dégagement, qui est absolument exceptionnel chez les plantes ordinaires, où il ne se produit que transitoirement pendant un temps très court, vers le début ou à la fin du jour, se fait d'une façon continue chez les espèces charnues : 1° quand la température est voisine de celle des régions équatoriales; 2° quand la température est peu élevée mais la lumière très faible.

Or, ces particularités physiologiques (2) que présentent les

(1) Aubert. Respiration et assimilation comparées chez les plantes grasses et chez les végétaux ordinaires. *Revue générale de Botanique*, 1892.

(2) Il y en a d'autres telles que la variation du quotient respiratoire $\frac{CO^2}{O}$ avec la température.

Cactées et les Crassulacées s'expliquent par l'existence, dans les tissus de ces plantes, d'acides organiques dont la proportion varie avec chaque heure du jour et de la nuit. On sait qu'en général l'obscurité favorise l'accumulation d'acides organiques, alors que la lumière ou une forte température en provoquent la décomposition. Et alors on peut expliquer les échanges gazeux des plantes grasses de la façon suivante. Pendant les premières heures de leur séjour à l'obscurité, ces plantes fabriquent de l'acide malique (1), mais la formation de cet acide, sans agir sur la quantité d'oxygène absorbé, est accompagnée d'une diminution du volume de l'acide carbonique dégagé : en effet, de l'oxygène se fixe sur les hydrates de carbone provenant de l'assimilation, pour engendrer les acides. On comprend dès lors l'abaissement du quotient $\frac{CO^2}{O}$. Mais qu'une cause particulière, comme la température, entraîne maintenant la destruction de l'acide malique, ou s'oppose à sa production, l'acide carbonique ne sera plus retenu et se dégagera en plus grande quantité : le rapport $\frac{CO^2}{O}$ devra se rapprocher de l'unité; l'élévation de température provoque donc le dégagement d'acide carbonique aux dépens de l'acide malique.

De plus, les acides organiques rejettent de l'oxygène en se décomposant, ce qui explique l'origine de ce gaz qu'émettent parfois les plantes grasses à la lumière dans une atmosphère dépourvue d'acide carbonique. Enfin, le rejet simultané d'acide carbonique et d'oxygène a sa cause à la fois dans la décomposition des acides et dans la structure de la plante.

On sait qu'au point de vue anatomique, les Cactées présentent sur une coupe transversale deux sortes de parenchyme : l'un profond, incolore; l'autre superficiel, pourvu de chlorophylle. Or, si ce dernier seul est capable d'assimiler à la lumière, ils respirent tous les deux, qu'il y ait ou non des

(1) Aubert. Recherches physiologiques sur les plantes grasses : acides organiques, turgescence et transpiration. (*Ann. Sc. nat.*, 1892.)

De Saussure avait déjà observé que le *Cactus Opuntia*, pendant la nuit, absorbe de l'oxygène sans dégagement correspondant d'acide carbonique.

radiations lumineuses. Il s'ensuit que la résultante de l'assimilation et de la respiration doit être très faible, ainsi que l'avait déjà remarqué de Saussure. Si l'on considère la série des plantes grasses et des plantes ordinaires, on voit que, toutes choses étant égales d'ailleurs, l'énergie assimilatrice est d'autant plus faible qu'une plante est plus charnue.

Mais d'autre part, lorsque la température est élevée et la lumière d'intensité moyenne, l'activité respiratoire de la plante tout entière est très grande; il se dégage donc beaucoup d'acide carbonique que le tissu vert superficiel ne peut pas décomposer entièrement, à cause de l'intensité lumineuse qui n'est pas assez forte. Le même fait doit se produire si, la température étant moyenne, la lumière est très faible; car, bien que la respiration ne soit plus ici exagérée, l'intensité lumineuse ne permet pas la décomposition de tout l'acide carbonique formé. Dans ces deux cas alors, le gaz carbonique se dégage en même temps que l'oxygène qui, provenant à la fois de l'assimilation et de la décomposition de l'acide malique, est produit en trop grande quantité pour que la respiration, malgré son énergie absolue ou relative, le consomme entièrement.

4. *Plantes rouges.* — On cultive, dans les jardins et dans les parcs, un certain nombre de plantes dont le feuillage est normalement coloré soit en rouge, soit en violet ou en brun, soit en jaune orangé. Il en est d'autres qui rougissent parfois accidentellement ou régulièrement, au printemps ou à l'automne. Que devient alors l'énergie assimilatrice chez ces plantes à feuilles colorées?

Avant de répondre à cette question, résumons ce que l'on sait à l'heure actuelle sur la distribution de la substance rouge dans les feuilles, sur sa nature et ses propriétés.

Si nous examinons des feuilles de Hêtre pourpre, de *Coleus*, de *Perilla Nankinensis*, de *Lobelia ignea*, etc., nous voyons que le mésophylle est entièrement vert, mais que les cellules des deux épidermes sont, pour la plupart, colorées en rouge (fig. 3).

Dans une Betterave rouge, un *Prunus Pissardi*, etc., la matière colorante se rencontre dans tous les tissus de la feuille; elle existe donc dans des cellules à chlorophylle; mais, comme elle est localisée dans les vacuoles, elle n'est pas en contact avec les chloroleucites et ne peut par suite les altérer (fig. 4).

Enfin, dans beaucoup d'autres plantes, on ne la trouve guère que dans les cellules palissadiques (*Arum maculatum*; fig. 5).

La substance rouge existe donc concurremment avec la chlorophylle qui, absolument intacte, remplit sa fonction normale de décomposition de l'acide carbonique. Elle masque seulement, suivant sa concentration dans le suc cellulaire et sa répartition dans les tissus, la teinte verte ordinaire et

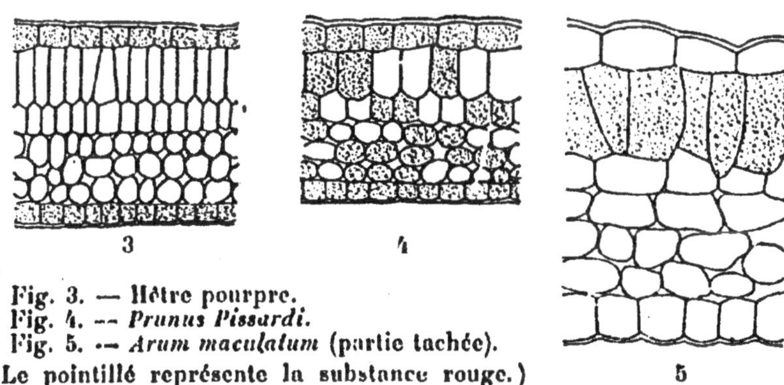

Fig. 3. — Hêtre pourpre.
Fig. 4. — *Prunus Pissardi.*
Fig. 5. — *Arum maculatum* (partie tachée).
(Le pointillé représente la substance rouge.)

communique aux feuilles ces tons si variés qui sont tant recherchés dans l'ornementation.

Cette matière colorante, soluble dans l'eau, porte indifféremment aujourd'hui le nom d'*érythrophylle* (1) ou d'*anthocyanine*. Elle est bleue quand le suc cellulaire est alcalin, rouge quand il est acide, violet quand il est neutre. C'est cette substance que l'on rencontre dans un grand nombre de fleurs bleues, violettes ou rouges; mais, dans ce cas, le nom d'anthocyanine seul est employé.

On connaît assez mal la composition chimique de cette substance et on ne sait presque rien des réactions qui l'engendrent dans les cellules végétales. On admet cependant

(1) Ne pas confondre cette matière colorante avec l'érythrophylle de Bourgarel, qui n'est autre que la carotine d'Arnaud, carbure d'hydrogène qui accompagne la chlorophylle et prend en solution sulfocarbonique une belle teinte rouge.

avec Hope, Wigand, Kutscher, que l'anthocyanine dérive d'un chromogène contenu dans le suc cellulaire. La vieille théorie de Guibourt, Macaire Princeps, Schübler et Funk, que de Candolle avait développée sous le nom de théorie de la *Chromule*, d'après laquelle la substance rouge dérive de la chlorophylle, a été ruinée par les observations de Marquart, Mohl, Frémy et Clœz, Ed. Morren. Récemment, M. Overton (1), à la suite d'expériences sur la production de ce principe colorant, a été conduit à penser que l'anthocyanine pourrait bien être un glucoside résultant de la combinaison de sucres en excès avec les tannins du suc cellulaire.

Les propriétés spectroscopiques de cette substance ont été étudiées par Pick (2), Kraus (3), Engelmann (4).

Pick a montré que l'anthocyanine absorbe dans la lumière blanche tous les rayons jaunes et une partie des rayons verts, depuis la raie D ($\lambda = 0,59$) jusqu'à la raie *b* ($\lambda = 0,52$).

Engelmann, avec sa méthode microspectroscopique, a trouvé, soit une bande d'absorption dans le jaune et le vert et limitée par les longueurs d'onde $\lambda = 0,59$ et $\lambda = 0,50$ (*Lobelia, Cissus*), soit trois bandes dont la première très foncée entre $\lambda = 0,600$ et $\lambda = 0,575$, la seconde moins foncée entre $\lambda = 0,588$ et $\lambda = 0,533$, et la troisième très faible entre $\lambda = 0,520$ et $\lambda = 0,495$ (*Tradescantia zebrina, T. discolor; Erythrotes Beddomei*).

Or, ces radiations absorbées sont précisément celles qui favorisent le plus le verdissement. La courbe qui figure l'influence de la réfrangibilité sur ce dernier phénomène a son maximum de hauteur dans le jaune, un peu à droite de la raie D dont la longueur d'onde est $\lambda = 0,589$; cette courbe s'abaisse brusquement ensuite dans les deux moitiés du spectre.

M. Griffon (5) s'est alors demandé si la lumière blanche, dépouillée de ses rayons les plus actifs en ce qui concerne la formation de la chlorophylle, est capable de provoquer un

(1) Overton. *Jarhb. f. wiss. Bot.*, Band XXXIII, Heft 2, p. 171, 1899.

(2) Pick. *Bot. Centralb.*, XVI, p. 281, 1883.

(3) Kraus. *Zur Kenntniss d. Chloroph.*, u. s. w. Stuttgart, 1872.

(4) Engelmann. *Archives néerlandaises*, t. XXII, 1888, p. 1-57.

(5) Ed. Griffon. *Loc. cit.*

verdissement aussi intense dans les feuilles rouges que dans les feuilles vertes. M. Griffon avait d'ailleurs été frappé de ce fait que, très souvent, dans les cellules dépourvues d'anthocyanine, et aussi dans celles dont le principe colorant s'était diffusé dans l'eau de la préparation, les chloroleucites apparaissaient avec une teinte verte peu prononcée, tirant parfois sur le jaune, comme dans le *Prunus Pissardi* en été et certains *Coleus*, alors que, dans les variétés ou espèces voisines qui ne sont pas rouges, ces leucites étaient d'un vert plus intense.

Mais, en étudiant le verdissement derrière des solutions plus ou moins étendues d'anthocyanine, M. Griffon a pu montrer que, dans les feuilles, la substance rouge qui s'y trouve ne peut pas nuire d'une manière appréciable à la formation de la chlorophylle. D'ailleurs, quand l'épiderme seul est coloré, on est très souvent en présence d'un parenchyme aussi riche en chlorophylle que celui des feuilles appartenant aux variétés vertes (Arroche rouge, Hêtre pourpre, certains *Coleus*, etc.).

D'autre part, Pick, Engelmann et Stahl (1) ont beaucoup insisté sur ce fait, que le spectre d'absorption de l'anthocyanine est sensiblement *complémentaire* de celui de la chlorophylle et que, par conséquent, dans les feuilles, la matière rouge ne peut nullement affaiblir l'énergie assimilatrice. Il faut pourtant remarquer qu'entre la raie D et la raie *b* se trouvent les radiations qui correspondent aux bandes III et IV de la chlorophylle; or, ces radiations sont absorbées par l'anthocyanine, ainsi qu'une partie de celles qui produisent les trois larges bandes dans la moitié la plus réfrangible du spectre. Et, de fait, M. Griffon a pu établir expérimentalement qu'une solution de substance rouge nuit, dans une certaine mesure, à l'assimilation des tissus verts placés derrière elle. Mais cette action nuisible doit varier avec l'intensité de coloration des cellules à anthocyanine, le nombre de ces dernières et leur répartition. Il ne faut pas oublier que presque toujours, quand l'épiderme est coloré, il y a des groupes plus ou moins importants de cellules qui sont dépourvus de substance rouge, et il en est de même pour le parenchyme. Il n'est donc pas impossible que, dans la feuille elle-même,

---

(1) STAHL. Ueber die bunte Laubblätter. *Ann. du Jardin bot. de Buitenzorg*, vol. XII, 2, p. 137-216, 1896.

l'action nuisible de l'anthocyanine sur l'assimilation soit négligeable.

M. Griffon s'est proposé d'apprécier l'importance de cette action nuisible et il a comparé l'énergie assimilatrice des feuilles rouges à celle des feuilles vertes de la même espèce. Voici les résultats qu'il a obtenus.

Parmi les plantes dont le feuillage est coloré en rouge, quelques-unes ont une énergie assimilatrice inférieure à celle des mêmes espèces vertes dont elles ne sont que des variétés (Betterave rouge, Coudrier pourpre, *Prunus Pissardi*, Sycomore pourpre, *Canna* à feuilles rouges, *Arum* et *Pelargonium* à feuilles maculées).

Assez souvent, l'énergie assimilatrice des feuilles rouges se trouve comprise entre la moitié et les trois quarts de celle des feuilles vertes. Dans le *Prunus Pissardi* comparé au *Prunus Myrobolana*, le rapport s'abaisse à $\frac{1}{4}$ en été et, chez certains *Coleus*, à $\frac{1}{6}$ et même à $\frac{1}{7}$.

Parfois, la raison de cette infériorité tient à une épaisseur moindre du mésophylle; mais, d'une manière générale, il faut la chercher dans la plus faible coloration verte des chloroleucites, par conséquent dans la pauvreté de la feuille en chlorophylle.

Par contre, d'autres plantes, comme l'Arroche rouge, le Hêtre et l'Epine-Vinette pourpres (les deux premières ayant de la matière rouge dans l'épiderme seulement et la troisième dans l'assise palissadique), ont une énergie assimilatrice égale à celle des plantes vertes de la même espèce. Mais l'épaisseur des feuilles est la même et les cellules sont aussi riches en chlorophylle.

Dans ce dernier cas, on voit que la substance rouge n'a exercé aucune action nuisible sur le verdissement et sur l'assimilation. Il est donc vraisemblable d'admettre que, chez les autres plantes rouges qui renferment davantage d'anthocyanine, cette action n'est pas importante et que les différences d'assimilation avec les plantes vertes tiennent en grande partie, soit à la plus faible épaisseur des feuilles, soit à la richesse moindre des cellules en chlorophylle (1).

(1) M. Jumelle (*C. R.*, 1er septembre 1890) avait, avant M. Grif-

Ces conclusions n'impliquent nullement que les arbres à feuilles rouges doivent se développer moins rapidement que leurs congénères à feuilles vertes. Les horticulteurs compétents sont unanimes à affirmer, qu'en général, il n'y a pas de différence de vigueur entre les variétés rouges et les variétés vertes. Celle qu'on observe parfois tient à ce que les variétés rouges proviennent de greffe et non de semis. Il faut avouer, cependant, que si ce fait est facile à comprendre pour le Hêtre pourpre, par exemple, qui, comme l'a observé Engelmann, forme en Hollande les arbres les plus grands, il n'en est plus de même pour certains *Coleus* à feuillage coloré, qui végètent aussi énergiquement, sinon plus, que les formes plus ou moins vertes, et cela bien qu'ils assimilent 6 ou 7 fois moins.

Nous laissons de côté, comme n'entrant pas dans le cadre de ce travail, tout ce qui a trait à la signification physiologique de la substance rouge. Du reste, sur cette question si intéressante, la plupart des biologistes ne nous ont encore fourni que des explications plus ou moins téléologiques, dépourvues souvent de toute base expérimentale sérieuse.

Quant aux feuilles qui rougissent généralement au printemps, comme celles du Chêne, des Pivoines, etc., elles ont, d'après M. Griffon, une énergie assimilatrice inférieure à celle des feuilles restées vertes : il y a de l'anthocyanine dans les cellules palissadiques et les chloroleucites sont plus faiblement colorés.

Les feuilles qui rougissent à l'automne avant de tomber, comme celles de la Vigne-vierge, cessent de dégager de l'oxygène peu de temps après que la coloration apparaît : les chloroleucites perdent alors complètement leur matière verte et se désorganisent ; l'anthocyanine envahit presque toutes les cellules et les feuilles prennent une belle teinte d'un rouge éclatant ; elles respirent encore, puis se flétrissent et meurent.

La Vigne ordinaire se colore aussi, mais accidentelle-

---

fon, trouvé que chez les variétés rouges ou cuivrées, l'assimilation est toujours plus faible que dans les espèces correspondantes à feuillage vert. Mais il rapportait les quantités d'acide carbonique décomposé à l'unité de poids sec des feuilles et non à l'unité de surface. De plus, il ne faisait pas l'examen anatomique comparatif des plantes étudiées.

ment, pendant les mois d'Août et de Septembre; elle est alors atteinte de cette affection dont la cause est purement météorique et qu'on nomme le *Rougeot* (1). Dans ce cas, le tissu palissadique est envahi par l'anthocyanine; les chloroleucites perdent une partie de leur matière verte, ce qui affaiblit l'énergie assimilatrice; puis les parties rouges finissent, au bout d'un temps variable, par subir le même sort que dans la Vigne-vierge.

Le rougissement se produit aussi à l'automne et régulièrement chez des feuilles persistantes comme celles du *Mahonia* par exemple. L'anthocyanine apparaît dans les cellules palissadiques; les chloroleucites se décolorent un peu et la décomposition de l'acide carbonique se fait avec moins d'énergie. Si la feuille est âgée, elle perd toute sa chlorophylle, rougit et périt. Dans le cas contraire, elle redevient verte au printemps et recommence à fonctionner.

Enfin citons certaines plantes, comme les Conifères et le Buis, dont des rameaux entiers (ceux qui sont frappés par la lumière) prennent une coloration brune. Cette coloration est due, ainsi que l'a montré Kraus par des études spectroscopiques, à la transformation de la matière verte en une substance de couleur brune, probablement la chlorophyllane, sous l'influence du froid; quant à la xanthophylle, elle n'est pas altérée. Au printemps, la chlorophylle se reforme. Or, pendant l'hiver, les rameaux qui ont bruni cessent de dégager de l'oxygène à la lumière, mais, au printemps, la fonction assimilatrice se manifeste à nouveau.

5. *Plantes panachées.* — On appelle ainsi les plantes qui, bien que développées à la lumière, présentent des feuilles ou fractions de feuilles plus ou moins complètement dépourvues de chlorophylle et même de xanthophylle (*folia variegata*). Cependant, il est des cas où les feuilles peuvent renfermer beaucoup de pigment jaune avec peut-être un peu de chlorophylle; ces feuilles, au lieu d'être blanches, sont dorées (*folia variegata aurea*).

---

(1) Certains cépages, il est vrai, rougissent régulièrement à la fin de la végétation, sans pour cela être atteints par le rougeot. D'autres ont des feuilles rouges pendant tout le cours de leur développement.

Les feuilles panachées proprement dites sont totalement dépourvues du pouvoir assimilateur, ainsi que l'ont observé en particulier Senebier, de Saussure, Cailletet, Engelmann, Bonnier et Mangin, et cela se comprend, étant donné leur manque complet de matières à absorption. Ce n'est pas cependant que ces feuilles soient dépourvues de chromatophores. M. Zimmermann (1) a montré qu'ils sont beaucoup plus répandus qu'on ne le croit généralement, mais leurs dimensions sont réduites; certaines cellules cependant n'en contiennent pas. Ajoutons que les feuilles panachées ont une structure plus simple, moins différenciée que celle des feuilles vertes; leur mésophylle est moins épais; leur composition chimique est aussi différente. Il résulte en effet des travaux de Church (2), qui ont été effectués sur les feuilles albinotiques de *Quercus rubra*, que celles-ci sont aux feuilles normales ce que les jeunes feuilles sont aux feuilles adultes; elles sont en particulier beaucoup plus aqueuses et moins riches en matière organique.

Les feuilles panachées dorées qu'on rencontre dans les variétés d'*Aucuba*, de *Sambucus*, de *Negundo*, doivent être rapprochées des plantes étiolées qui ne contiennent que de la xanthophylle avec un peu de matière verte (3). Engelmann, par des études microspectroscopiques, est arrivé à cette conclusion, que les chromatophores des feuilles dorées assimilent comme d'ailleurs ceux des plantes étiolées. Mais M. Griffon, en exposant à la lumière et à l'obscurité des feuilles de Sureau doré, n'a pas vu varier le rapport $\frac{CO^2}{O}$ et l'action retardatrice due à la lumière n'a pas été plus grande que pour les Champignons et autres plantes complètement décolorées, comme l'Orobanche et le *Monotropa*. Les méthodes directes ne per-

(1) ZIMMERMANN. Ueber die Chromatophoren in panachirten Blättern. *Ber. d. deut. bot. Gesell.*, Avril 1890.

(2) CHURCH. *Journ. of the Chem. Soc.*, t. XLIV, p. 839.

(3) Selon Engelmann, les chromatophores des feuilles du Sureau doré produisent une absorption très faible depuis le rouge jusqu'au vert ($\lambda = 0{,}54$). La bande I de la chlorophylle est très peu prononcée; les bandes II et III ne sont pas distinctement développées; la bande IV_b caractéristique de la chlorophyllane n'existe pas, non plus d'ailleurs que la bande IV_a; les leucites sont donc surtout colorés par de la xanthophylle avec un peu de matière verte.

mettent donc pas d'attribuer à la xanthophylle le pouvoir assimilateur.

Enfin, il est des feuilles dont la panachure dite argentée est due à ce que l'épiderme, soulevé par places, emprisonne de l'air entre ses propres cellules et le mésophylle. Ed. Morren a donné à cette panachure le nom d'*argyrescence*. M. Griffon a pu constater, chez le *Lamium maculatum* et le *Begonia Rex*, que ce décollement de l'épiderme n'exerce aucune influence sur l'énergie assimilatrice. Si, assez souvent, cette énergie est plus faible que dans les parties vertes, cela tient à ce que, dans les parties argentées, le mésophylle est moins épais.

6. *Plantes d'âges différents.* — Il est à peine besoin de dire que l'énergie assimilatrice doit varier avec l'âge des plantes; la structure d'une feuille jeune par exemple est moins bien disposée pour l'assimilation que celle d'une feuille adulte : il y a moins de chlorophylle dans chaque chromatophore et le tissu palissadique est encore peu différencié; d'autre part, la respiration est très active.

M. Griffon a comparé ainsi l'assimilation, chez de jeunes feuilles franchement vertes pourtant de *Robinia pseudo-Acacia* et chez des feuilles adultes, et il a fait des expériences semblables avec des feuilles de *Faba vulgaris*. En moyenne, l'énergie assimilatrice des jeunes feuilles s'est montrée égale aux $\frac{7}{10}$ de celle des feuilles adultes (1).

En outre, on sait depuis de Saussure que les feuilles, quoique très vertes encore, mais âgées, décomposent l'acide carbonique avec une intensité qui décroît progressivement.

M. Cuboni (2) a fait, il y a quelques années, un travail intéressant au point de vue pratique sur l'assimilation des feuilles de la Vigne aux différents âges, mais il a employé la défectueuse méthode de l'évaluation des quantités d'amidon formé. Il trouve qu'en Mars et Avril les feuilles ne produisent pas d'amidon et qu'il en est ainsi en plein été pour les deux ou trois dernières feuilles de chaque sarment. Il pense que ces résultats expliquent la pratique dite du rognage usitée dans la culture de la Vigne, et qui consiste à supprimer l'extrémité

---

(1) Recherches inédites.
(2) CUBONI. *Bot. Centralb.*, t. XXII, 47, 332.

des pousses; celles-ci en effet vivraient en parasites et devraient par suite être détruites. Malheureusement, l'interprétation donnée aux résultats de M. Cuboni est peut-être fausse; la question est à reprendre par la méthode des échanges gazeux. Observons du reste qu'il n'est pas dit du tout que la pratique du rognage n'ait à se justifier que par de simples considérations d'énergie assimilatrice.

7. *Organes différents.* — En principe, tous les organes chlorophylliens quels qu'ils soient sont susceptibles de décomposer l'acide carbonique. Il n'est pas douteux, bien que l'expérience à notre connaissance n'ait pas été faite, qu'on ne doive répondre d'une façon positive à la question suivante que posait de Candolle dans sa *Physiologie végétale* : « les extrémités radiculaires qui verdissent au jour, telles que celles du *Pandanus*, dégagent-elles de l'oxygène sous l'eau au soleil comme les tiges ou les feuilles vertes? » Ou du moins, s'il n'y a pas dégagement d'oxygène, ce qui en somme est possible, c'est que la respiration l'emporte, mais l'assimilation n'est pas nulle. Quand la tige est verte, elle peut également fixer le carbone, comme on le vérifie facilement chez les plantes herbacées, avec la cime des arbres. On n'a pas encore démontré que l'écorce des gros troncs (Hêtre, Bouleau, etc.), qui contient de la chlorophylle, joue un rôle dans l'assimilation, mais cela paraît bien probable.

Chez les plantes qui n'ont pas de feuilles parfaites, c'est la tige qui remplit la fonction assimilatrice, que cette tige soit charnue, comme dans les Cactées et les Euphorbes cactiformes, ou grêle et rameuse comme dans les Prêles (*Equisetum*), les *Casuarina* et dans les cladodes des Asperges.

Quand dans une plante en voie de développement on supprime des feuilles, il se produit dans les tiges une coloration plus verte, due au plus grand nombre de grains de chlorophylle, et une différenciation plus marquée du tissu palissadique. Les tiges remplacent alors les feuilles au point de vue physiologique; elles assimilent davantage par unité de surface que celles qui n'ont pas été modifiées, ainsi que l'a montré M. Boirivant (1) sur le *Faba vulgaris*, le *Robinia pseudo-Acacia*, le *Sarothamnus scoparius*.

(1) *Loc. cit.*

Les fleurs elles-mêmes peuvent jouer un rôle dans la décomposition de l'acide carbonique. En effet, les sépales et les carpelles, les stigmates même (*Petunia*), contiennent souvent de la chlorophylle et assimilent; il en est de même pour un certain nombre de pétales; mais l'assimilation est faible et ne suffit pas à compenser la perte de carbone provenant de la respiration de toutes les parties de la fleur.

Les fruits peuvent également assimiler, s'ils sont verts. Müller (1) a mis le fait en évidence pour les grappes de raisin; mais, bien que les conditions de chaleur et de lumière eussent été aussi favorables que possible, c'est la respiration qui a toujours été la plus forte.

Ajoutons que toutes ces études sur l'assimilation des organes autres que les feuilles ont été faites simplement pour savoir si la décomposition de l'acide carbonique avait lieu, que les différents résultats n'ont presque jamais été interprétés à la suite de comparaisons anatomiques, et que, comme ils sont en somme peu nombreux, il est difficile d'en tirer quelque chose de précis concernant l'influence de la structure sur l'énergie assimilatrice.

Plantes saprophytes et parasites.

Ce qui frappe au premier abord, quand on examine les végétaux saprophytes ou parasites, c'est qu'en général ils sont plus ou moins complètement décolorés. On comprend alors facilement que, ne pouvant eux-mêmes utiliser le carbone de l'air, ces végétaux soient obligés de le puiser dans des combinaisons organiques toute formées que leur offrent des débris de plantes ou des plantes vivantes.

Pendant longtemps, les physiologistes n'ont pas soupçonné le parasitisme de certaines plantes vertes terrestres. De Candolle, par exemple, dans sa *Physiologie végétale*, divisait les parasites en deux groupes : 1° végétaux implantés sur les tiges ou les branches aériennes et ayant de la chlorophylle dans leurs tissus (Gui et autres Loranthacées); 2° végétaux implantés sur les tiges souterraines ou sur les racines et qui sont dépourvus de matière verte.

---

(1) Muller, *Bot. Centralb.*, t. XXVII, p. 116.

Mais, en 1847, Mitten fit voir (1) que les différentes espèces de *Thesium*, Santalacées vertes et qu'on ne croyait pas parasites, vivent en réalité sur les racines d'autres plantes. Puis, Decaisne (2) démontra qu'il en est de même pour les Rhinanthacées, plantes qui sont également pourvues de chlorophylle.

Quand le parasitisme des plantes vertes fut découvert, les biologistes émirent l'opinion que l'hôte tirait tout son carbone de l'atmosphère, la plante hospitalière ne fournissant que l'eau et les matières minérales. Telle est, par exemple, la conclusion formulée après de Candolle par Pitra, en ce qui concerne les Loranthacées, et que M. Bonnier a vérifiée expérimentalement pour le Gui. Mais il n'en est pas de même pour les Rhinanthacées. M. Bonnier (3) a montré récemment que ces dernières pouvaient être divisées en deux groupes :

1° Celles dont le parasitisme est presque complet ;

2° Celles dont le parasitisme est incomplet.

Dans le premier groupe il faut ranger *Bartsia alpina*, *Rhinanthus Crista-Galli*, qui ont une assimilation très faible et ne pouvant l'emporter sur la respiration qu'à la condition que la lumière soit intense et la température peu élevée. Mais, dans ce cas, à égalité de surface foliaire, les plantes assimilent douze fois moins que le *Veronica Chamædrys*; enfin, chez l'*Euphrasia officinalis*, il y a toujours égalité entre la respiration et l'assimilation, et, par conséquent, jamais de dégagement d'oxygène.

Dans le second groupe, la décomposition de l'acide carbonique a toujours lieu à la lumière, mais son intensité n'est que le cinquième de celle de la Véronique chez les *Thesium humifusum* et *pratense* et chez le *Pedicularis silvatica*. Ce rapport s'élève aux deux tiers chez les *Melampyrum pratense* et *silvaticum*.

Il résulte par conséquent de ces recherches sur les Rhinanthacées, les Loranthacées et les Santalacées, « qu'au point de vue des échanges gazeux, les végétaux parasites à chlorophylle

---

(1) Mitten. *Journal of Botany*, p. 146, 1847.

(2) Decaisne. Sur le parasitisme des Rhinanthacées. *Ann. Sc. nat. Bot.*, 3e série, t. VIII, p. 5.

(3) G. Bonnier. Recherches physiologiques sur les plantes parasites. *Bull. scient. du Nord de la France et de la Belgique*, t. XXV, p. 77, 1893.

présentent tous les intermédiaires entre une plante puisant presque exclusivement le carbone dans l'hôte qu'elle attaque et une plante qui assimile presque exclusivement par elle-même et ne profite guère que des substances minérales puisées dans les racines de l'hôte ».

Certes, les données anatomiques tirées de ces plantes vertes ne permettent pas d'expliquer de tels résultats ; aussi, M. Bonnier s'est-il vu obligé d'admettre que les différences d'énergie assimilatrice doivent être fonction d'une autre

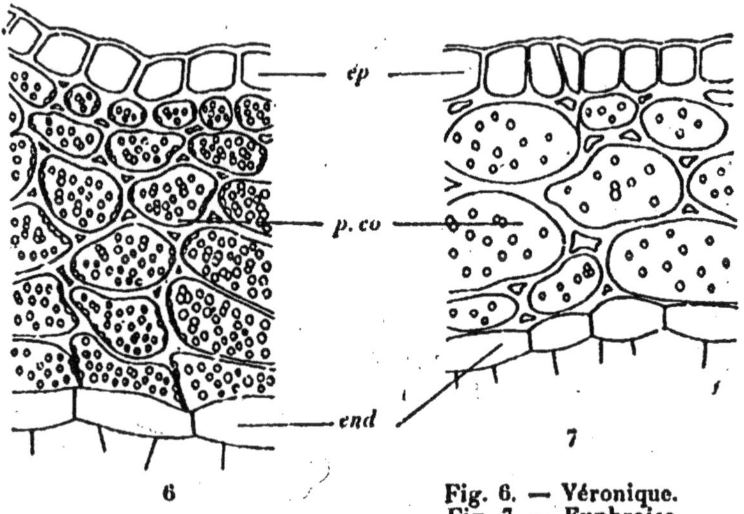

Fig. 6. — Véronique.
Fig. 7. — Euphraise.
ép, épiderme ; *p. co*, parenchyme cortical ; *end*, endoderme.

variable que la structure, qui serait peut-être la nature de la chlorophylle ou les matières surajoutées modifiant l'absorption des radiations par la chlorophylle.

Il faut pourtant remarquer qu'entre les Rhinanthacées et la Véronique il y a des dissemblances anatomiques qui méritent d'être prises en considération, étant donné le point de vue auquel nous sommes placé. Le tissu assimilateur des feuilles de *Rhinanthus* et de *Bartsia* est moins différencié que chez les Véroniques ; celui des feuilles d'*Euphrasia* l'est, par contre, plus que chez le Mélampyre, et pourtant cette seconde plante assimile plus que la première ; mais on peut remarquer que, chez l'*Euphrasia*, les cellules des feuilles sont assez lâchement unies entre elles, ce qui diminue l'importance du tissu assimilateur. D'un autre côté, chez les plantes herbacées, les tiges qui sont vertes contribuent pour une part assez considérable à la décomposition de l'acide carbonique; or, le parenchyme cortical des Véroniques est très homogène et composé de quatre ou cinq assises de cellules riches en chlorophylle; chez l'*Euphrasia*, au contraire, ce parenchyme renferme peu de matière verte (fig. 6 et 7). Nous verrons plus loin un fait anatomique analogue en examinant la tige de deux Orchidées, l'*Epipactis latifolia* et le *Limodorum abortivum*, et qui aura un retentissement considérable sur la décomposition du gaz carbonique.

Chez le *Rhinanthus*, le parenchyme cortical est très lacuneux et doit donc assimiler fort peu. Il en est de même dans la zone externe de celui du *Bartsia alpina* et du *Pedicularis palustris*; en outre, ce parenchyme renferme des chloroleucites peu nombreux et épars.

Des recherches du même genre que les précédentes ont été entreprises récemment par M. Griffon (1) sur les Orchidées. On sait que, presque toutes, sinon toutes les Orchidées terrestres présentent des racines courtes, renflées, coralloïdes, dont chaque cellule corticale renferme une petite pelote de filaments mycéliens. M. Frank a donné à ces racines spéciales le nom de *mycorhizes*. On retrouve ces organes chez les Ericacées, les Conifères et les Cupulifères. M. Frank considère comme un fait de *symbiose*, et non de parasitisme, l'association d'une racine et d'un mycélium; pour lui, le Champignon reçoit de son hôte les substances qu'il ne peut élaborer, comme des hydrates de carbone, des sucres; mais en revanche il lui fournit de l'eau, de la matière azotée et carbonée qu'il puise dans l'humus. Mais aucun fait expérimental ne le prouve jusqu'ici d'une manière formelle.

Des Orchidées nettement saprophytes, comme le *Goodyera repens*, décomposent l'acide carbonique à la lumière, aussi énergiquement que les autres Orchidées non ou peu humicoles; il est donc impossible, dans ce cas, par la méthode des échanges gazeux, de mettre en évidence le rôle des mycorhizes dans la nutrition carbonée et azotée des plantes.

---

(1) *Loc. cit.*

Mais il y a des Orchidées non vertes, telles que le *Neottia Nidus-avis*, qui sont forcément saprophytes et dont les mycorhizes, par conséquent, doivent tirer tout le carbone nécessaire des matériaux de l'humus. Cette plante renferme, il est vrai, des leucites bruns qui, selon MM. Wiesner (1) et Prillieux (2), contiendraient un peu de chlorophylle; mais, bien que M. Engelmann (3) ait observé un dégagement d'oxygène à la lumière par ces corpuscules, MM. Bonnier et Mangin (4), expérimentant sur la plante entière, ont montré que le quotient respiratoire $\frac{CO^2}{O}$ est le même à la lumière qu'à l'obscurité, et ils ont conclu que, chez le *Neottia*, l'assimilation, si elle existe, est insignifiante.

Il est enfin une autre Orchidée, le *Limodorum abortivum*, qui, au point de vue de l'assimilation du carbone, occupe une place spéciale entre les Orchidées vertes et celles qui sont complètement décolorées.

Le *Limodorum* est une plante dont le port ressemble à celui d'une Orobanche ou du *Neottia*. La tige, robuste, qui atteint de 0m,40 à 0m,80 de hauteur, est colorée en violet plus ou moins foncé; cette coloration s'étend aux fleurs et aussi aux feuilles, lesquelles sont réduites à l'état de grandes bractées engainantes. Si l'on examine la partie souterraine, on ne trouve nulle trace d'adhérence avec les racines des arbres; la plante est donc saprophyte comme le *Neottia*. Or, M. J. Chatin (5), en 1874, mit en évidence pour la première fois la présence de la chlorophylle dans le *Limodorum*. Sous l'épiderme coloré en violet de la tige, on voit, en effet, un parenchyme cortical dont les cellules renferment des chloroleucites. On retrouve ceux-ci dans le parenchyme des faisceaux libéroligneux et dans la moelle. Les feuilles en contiennent et la paroi ovarienne en est particulièrement bien pourvue : une section transversale de tous ces organes apparaît d'ailleurs avec la teinte verte caractéristique; cette teinte n'est masquée

(1) WIESNER. *Jahrb. f. wiss. Bot.*, t. VIII, p. 576, 1872.
(2) PRILLIEUX. *Ann. Sc. nat. Bot.*, 1874.
(3) ENGELMANN. Farbe und Assimilation. *Bot. Zeit.*, 1883.
(4) BONNIER et MANGIN. Respiration des tissus sans chlorophylle. *Ann. Sc. nat. Bot.*, 6e série, t. XVIII, p. 293.
(5) J. CHATIN. Sur la présence de la chlorophylle dans le *Limodorum abortivum*. *Rev. des Sc. nat.*, Montpellier, 1874.

extérieurement que par l'anthocyanine des cellules épidermiques.

Néanmoins, malgré la présence de la chlorophylle, le *Limodorum* n'arrive pas à dégager de l'oxygène à la lumière : l'assimilation, sans être nulle, est masquée par la respiration.

Or, l'*Epipactis latifolia* a une tige qui, à un certain point de vue, ressemble beaucoup à celle du *Limodorum*; son épiderme

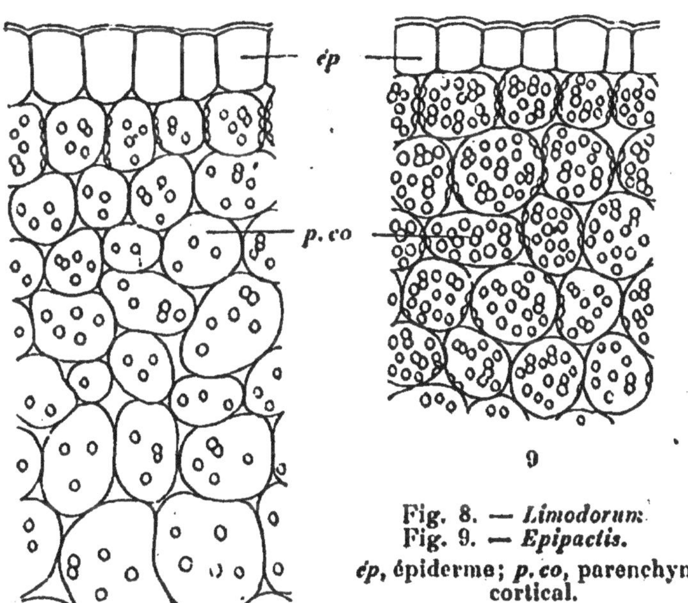

Fig. 8. — *Limodorum.*
Fig. 9. — *Epipactis.*
ép, épiderme; *p. co*, parenchyme cortical.

est coloré en violet et on trouve de la chlorophylle dans le cylindre central. L'écorce, il est vrai, est proportionnellement moins épaisse que dans le *Limodorum* et la section transversale de toute la tige ne paraît pas plus foncée; elle l'est même un peu moins au centre, la moelle étant très pauvre en pigment vert. Mais cette écorce comprend trois ou quatre assises de cellules dont les chloroleucites sont très nombreux et situés le long des parois radiales, comme dans les cellules en palissade des feuilles. Le parenchyme cortical semble donc très bien disposé pour jouer le rôle de tissu assimilateur, et c'est précisément ce que l'expérience vérifie (fig. 8 et 9). Des portions de tiges d'*Epipactis* dégagent de l'oxygène à la lumière, alors qu'avec le *Limodorum*, c'est de l'acide carbonique qui est émis.

Il n'est donc pas douteux que le nombre et la répartition des chloroleucites aient joué un grand rôle, le seul rôle peut-être, pour changer le sens de la résultante de la fonction chlorophyllienne et de la respiration.

Appendice sur l'assimilation chez les Algues. — On a admis pendant longtemps que les plantes vertes sont seules capables de décomposer l'acide carbonique. D'après cette théorie, si la synthèse des hydrates de carbone se produit dans une plante, c'est que celle-ci contient de la chlorophylle. Si une Algue rouge dégage de l'oxygène à la lumière, comme l'a montré pour la première fois de Candolle (1), cela tient à ce que ses chromatophores renferment de la matière verte, laquelle est masquée par un principe colorant rouge, la phycoérythrine; on sait en effet qu'une Floridée (Algue rouge), qu'un Fucus (Algue brune), prennent dans l'eau douce une teinte verte, par suite de la disparition du principe colorant supplémentaire.

Toutefois, M. Engelmann (2), après de nombreuses recherches microspectroscopiques sur la position des maxima de dégagement d'oxygène par les corpuscules colorés des Algues, a été amené à conclure que les principes supplémentaires (*phycoérythrine*, *phycophéine*, *phycocyanine*) qui sont des matières colorantes à absorption ont aussi un rôle assimilateur. Mais cette assertion n'a encore pu être vérifiée jusqu'ici par les méthodes directes.

Quelques Algues appartenant à la famille des Bactériacées ont le protoplasme de leurs cellules uniformément coloré en rouge par une substance qui existe seule, sans être accompagnée cette fois par de la chlorophylle, et qu'on nomme la *bactériopurpurine* (3). Cette substance absorbe des radiations dans la région infra-rouge et aussi dans la région lumineuse du spectre, au voisinage de la raie D et de la raie F; les radiations emmagasinées servent à l'assimilation, en sorte qu'on

---

(1) De Candolle. *Physiologie végétale*, t. I, p. 119.
(2) Engelmann. *Bot. Zeit.*, 1883.
(3) Engelmann. *Archives néerlandaises*, t. XXIII, p. 151, 1889.

est en présence d'un cas très net de synthèse d'hydrates de carbone sans l'intervention de la chlorophylle.

En définitive, selon M. Engelmann, l'assimilation du carbone de l'air, liée à l'absorption de radiations comme un effet à sa cause, se ferait donc, non pas seulement grâce à un groupe de matières vertes, mais à un grand nombre de *chromophylles*, dont la chlorophylle est simplement le type le plus répandu.

Il y a bien aussi des Bactéries vertes, étudiées autrefois par M. van Tieghem (1), mais on comprend facilement qu'elles puissent décomposer l'acide carbonique à la lumière, comme le font les végétaux supérieurs.

Cependant, il est des Bactéries incolores qui peuvent trouver ailleurs que dans les radiations captées par des principes colorants l'énergie nécessaire pour organiser le carbone aérien. C'est ce qui ressort des recherches récentes faites par M. Winogradsky (2) sur les organismes de la nitrification. Ce savant a cultivé dans un milieu exclusivement minéral les diverses Bactéries qui oxydent l'ammoniaque pour en faire de l'acide azoteux, puis de l'acide azotique; la composition du milieu était la suivante :

Eau du lac de Zurich	1.000
Phosphate de potasse	1
Sulfate de magnésie	0,5
Chlorure de calcium.	traces.
Carbonate de magnésie	léger excès.
Sulfate d'ammoniaque	0,0025

Les microbes de la nitrification sont donc capables d'organiser le carbone de l'acide carbonique de l'air dissous ou d'un carbonate, et ils utilisent pour ce travail l'énergie mise à leur disposition par la combustion de l'ammoniaque. Cette conclusion, très importante théoriquement, avait besoin d'être confirmée, les microbes en question ne donnant jamais de cultures très abondantes et par suite n'assimilant pas beaucoup de carbone; on pouvait se demander si par hasard ce dernier n'était pas emprunté aux traces de composés alcoo-

(1) Van Tieghem, *Bull. Soc. bot. France*, t. XXVII, 1880.
(2) Winogradsky, *Annales de l'Institut Pasteur*, t. IV, p. 213 ; *C. R.*, t. CXIII, p. 89.

liques volatils de l'atmosphère. Mais des recherches ultérieures de Godlewski (1) ont montré le bien-fondé de cette curieuse découverte : c'est réellement le carbone de l'acide carbonique aérien que le microbe utilise pour fabriquer sa matière organique.

---

(1) GODLEWSKI, *Anzeiger der Akad. der Wiss. in Krakau.*, 1895, p. 178.

CHAPITRE III

PLANTES DONT LA STRUCTURE A ÉTÉ MODIFIÉE PAR LE MILIEU

Nous nous occuperons dans ce chapitre de l'influence exercée directement sur la structure, et par suite indirectement sur l'énergie assimilatrice, par la lumière, la chaleur, l'état hygrométrique et les sels minéraux.

I. Action de la lumière.

1. *Plantes ayant verdi à l'obscurité.* — On sait que, d'une manière générale, les radiations lumineuses sont indispensables au verdissement des plantes, mais il y a un certain nombre d'exceptions à cette règle.

Ainsi les cotylédons des embryons de Pin et d'autres Conifères sont verts tout en se développant à l'abri de la lumière. Des frondes de Fougères poussant à l'obscurité complète n'en prennent pas moins leur coloration verte normale.

M. Flahault (1) a montré que des bulbes d'*Allium Cepa*, placés pendant l'hiver à l'obscurité et dans un endroit sec, possèdent au printemps des feuilles de 3 à 5 centimètres de long, remplies de chloroleucites. Des bulbes de *Crocus vernus* plantés à l'abri de la lumière donnent aussi des pousses dont les extrémités sont vertes.

Au centre des fruits du Potiron jaune gros (*Cucurbita maxima*), M. d'Arbaumont (2) a trouvé, dans de grandes cellules à parois amincies, de nombreux chloroleucites en voie de division.

---

(1) FLAHAULT. *Ann. Sc. nat. Bot.*, 6e série, t. IX, p. 169.
(2) D'ARBAUMONT. *Bull. Soc. bot. France*, 12 mars 1880.

On remarquera que la formation de la chlorophylle à l'obscurité est liée à l'utilisation de substances de réserve contenues dans la graine (*Pinus*), les rhizomes (Fougères), les bulbes (*Allium, Crocus*), les fruits (Potiron). Quand les réserves sont épuisées, si la plante continue à se développer à l'obscurité, la chlorophylle est attaquée et disparaît.

D'autres cas de verdissement à l'obscurité ont été signalés chez des plantes quelconques quand il y a une certaine quantité d'hydrogène dans l'air ambiant. C'est ainsi que Senebier (1), faisant croître des plantes dans des récipients clos et obscurs, mais contenant une forte proportion d'hydrogène, put observer la teinte verte dans les feuilles et les tiges.

De Humboldt (2), ayant descendu dans les galeries souterraines des mines de Freyberg des touffes de *Poa annua*, *Poa compressa, Plantago lanceolata, Trifolium arvense, Cheiranthus Cheiri* et un lichen, *Rhizomorpha verticillata,* vit que les touffes nouvelles montraient une coloration verdâtre; or, l'air de ces galeries renfermait une quantité considérable d'hydrogène. Mais de Candolle (3), il est vrai, étudiant l'influence du gaz hydrogène sur l'étiolement, obtint des résultats négatifs.

Kraus (4), par l'emploi de l'alcool méthylique, provoqua le verdissement à l'obscurité; mais les jeunes plantes, en germant avec les vapeurs d'alcool, ont fini par périr.

Enfin, récemment, M. Bouilhac (5) a constaté que le *Nostoc punctiforme* se développe, lui aussi, à l'obscurité totale, s'il trouve à sa disposition un hydrate de carbone, le glucose par exemple; il prend alors une teinte vert pâle.

Ajoutons qu'il existe peut-être des plantes vertes adaptées aujourd'hui à la vie sans lumière. En effet, lors de l'expédition du *Plankton,* on trouva entre 1000 et 2000 mètres de profondeur dans l'Océan Atlantique une Algue verte, *Halosphæra viridis*, qui fut rencontrée à nouveau en 1890 pendant l'expédition de la *Pola*. Or, on sait qu'à 200 mètres seulement, les rayons lumineux sont complètement absorbés.

---

(1) Senebier. *Encyclopédie méthodique et Physiologie végétale*, t. IV, p. 275.
(2) De Humboldt. *Gren's Journ. d. Phys.*. p. 196, 1792.
(3) De Candolle. *Physiol. végét.*, t. II, p. 892.
(4) Kraus. *Landw. Vers. Stat.*, t. XX, p. 415, 1877.
(5) Bouilhac. *C. R.*, 31 mai 1898.

On s'est demandé si la matière verte ainsi formée à l'obscurité est bien de la chlorophylle. Pour résoudre la question, deux procédés ont été employés, l'un qui consiste à examiner au spectroscope une dissolution alcoolique de la substance colorée, l'autre à faire assimiler à la lumière les plantes ayant verdi à l'obscurité.

Le simple examen anatomique montre, d'ailleurs, qu'on a bien affaire à des chloroleucites normaux et qui ne paraissent différer en rien, si ce n'est parfois par leurs dimensions plus petites et leur teinte moins foncée, de ceux qui ont verdi sous l'influence de la lumière.

M. Flahault a précisément étudié des dissolutions alcooliques de la matière verte contenue dans les embryons de Pin Pignon et d'autres espèces, et il a constaté que toutes présentaient au spectroscope la bande d'absorption caractéristique située entre B et C de la chlorophylle.

M. Flahault a essayé, en outre, de faire assimiler des embryons de *Viola*, de *Viscum* : ces embryons mis dans l'eau dégagèrent du gaz, mais en quantité trop faible pour qu'il ait été possible à l'auteur d'en déceler la nature. L'auteur obtint des résultats analogues avec les pousses vertes des plantes bulbeuses, les cotylédons de Conifères.

Mais il ne suffit pas de constater que la matière verte formée à l'obscurité est capable de servir à l'assimilation; il faut encore savoir si, sous ce rapport, elle diffère peu ou beaucoup de celle qui apparaît normalement à la lumière; il n'est pas impossible, par exemple, qu'on soit en présence, dans ce cas, de chlorophylle spéciale et dont la nature ait une influence sur l'énergie assimilatrice.

M. Griffon s'est alors adressé au Pin Pignon et a fait assimiler des cotylédons développés à l'obscurité, comparativement avec d'autres qui avaient évolué à la lumière. Les premiers ont parfaitement décomposé l'acide carbonique et leur énergie assimilatrice, comparée à celle des seconds, a paru ne dépendre que du développement des tissus chlorophylliens, ainsi que du nombre, des dimensions et de la teinte des chloroleucites dans chaque cellule. Il en résulte que, si la chlorophylle qui se forme ainsi à l'obscurité est différente de celle qui prend naissance à la lumière, cette différence n'aurait pas d'influence sensible sur l'assimilation.

On peut se demander maintenant quelle est bien la signification de ces chlorophylles qui se forment ainsi et ne peuvent remplir leur fonction essentielle, puisque la lumière fait défaut. Faut-il considérer celle qui se forme chez le Nostoc, par exemple, comme un de ces organes témoins, si fréquents dans le domaine de la Biologie, qui ne jouent aucun rôle mais qui persistent quand certaines conditions sont réalisées; ou bien, au contraire, cette matière verte ne contribuerait-elle pas à transformer le sucre absorbé et sans lequel elle ne se forme pas en d'autres produits organiques ? Dans l'état actuel de la science, il n'est pas possible de donner à ces questions de réponses positives; on en est réduit à des hypothèses au sujet desquelles nous nous expliquerons plus loin.

2. *Plantes développées à l'ombre et au soleil.* — Depuis longtemps, l'attention des botanistes avait été attirée par l'influence de l'intensité lumineuse sur la structure des plantes. Kraus, Rauwenhoff, Costantin notamment, ont abordé à ce point de vue le rôle de l'obscurité complète. Stahl et quelques autres botanistes allemands se sont occupés des différences anatomiques qui se manifestent chez les végétaux suivant qu'ils se développent au soleil ou à l'ombre, conditions qui sont fréquemment réalisées dans la nature. Mais, dans ce cas, deux facteurs au moins agissent en même temps pour modifier la structure : l'éclairement et l'état hygrométrique. M. Dufour (1), par une série d'expériences très méthodiquement conduites, est arrivé à isoler le premier de ces facteurs et à déterminer la part qui lui revient dans les variations anatomiques obtenues à l'ombre ou au soleil.

A cet effet, deux plants ou deux graines aussi identiques que possible d'une même espèce végétale, étaient confiés au sol et également arrosés; mais l'un était exposé librement chaque jour à l'action directe du soleil, tandis que l'autre y était soustrait par un bâti en bois ou en carton qui ne laissait pénétrer que la lumière diffuse. La plante développée à la lumière était toujours plus volumineuse que celle qui avait crû à l'ombre; ses tiges étaient plus fortes, ses feuilles plus larges et plus épaisses, sa floraison plus riche et plus hâtive.

Les feuilles qui avaient évolué en pleine lumière étaient plus

(1) L. Dufour. Influence de la lumière sur la forme et la structure des feuilles. *Ann. Sc. nat. Bot.*, 7e série, t. V, p. 311, 1887.

riches en stomates et leurs cellules épidermiques étaient plus grandes et mieux cutinisées. Le tissu palissadique était mieux marqué et chacune de ses cellules renfermait des chloroleucites plus nombreux, plus gros et plus verts (fig. 10 et 11).

M. de Lamarlière (1) a complété le travail de M. Dufour, en faisant assimiler, dans les mêmes conditions d'intensité lumineuse et de température, les feuilles développées, soit à l'ombre, soit au soleil. Il a trouvé que l'énergie assimilatrice de celles qui avaient poussé en pleine lumière est toujours plus grande que celle des feuilles ayant évolué à l'ombre, et il en est toujours ainsi, que l'expérience soit faite à la lumière directe ou à la lumière diffuse. L'auteur, il est vrai, n'a pas fait cette remarque, mais elle était indispensable, car on aurait

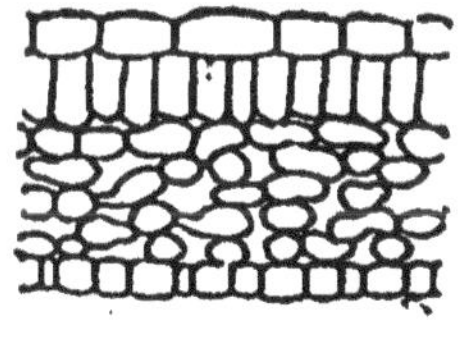

10

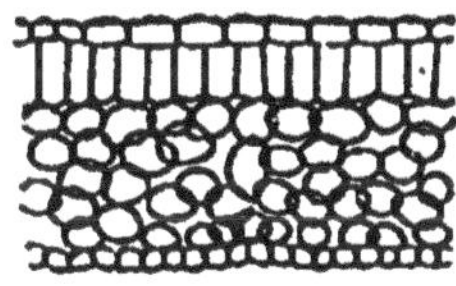

11

Fig. 10. — Feuille de *Circea Luteliana* développée au soleil.
Fig. 11. — Feuille de la même plante développée à l'ombre.
(d'après M. Dufour.)

pu supposer, par exemple, qu'une feuille développée à l'ombre est adaptée, au point de vue assimilateur, à une intensité lumineuse faible comme celle de la lumière diffuse, et qu'une feuille développée au soleil est, au contraire, adaptée à une intensité lumineuse forte comme celle de la lumière directe : autrement dit, si une feuille ayant vécu à l'ombre avait la même structure qu'une feuille développée au soleil, peut-être assimilerait-elle plus que l'autre à la lumière diffuse et réciproquement. Les physiologistes, en effet, à la suite des recherches de Boussingault, Duchartre, Sachs, Wolkoff, Müller, Kreussler, Dehérain et Maquenne, Famintzine, Reinke, etc., sont portés à admettre qu'une plante ombrophile (Mousse, Fougère, Oxalis) assimile peut-être autant dans

(1) L. Géneau de Lamarlière. Recherches physiologiques sur les feuilles développées à l'ombre et au soleil. *Revue générale de Botanique*, 1892.

la station où elle est qu'en plein soleil, qu'il y a des optima d'intensité lumineuse assez différents, selon les plantes, pour la fonction chlorophyllienne. On sait, par exemple, que cet optimum correspond à la lumière directe pour les plantes submergées et pour la plupart de nos végétaux de grande culture, mais que certaines plantes, comme le Bambou, décomposent plus d'acide carbonique derrière un écran qu'en plein soleil. A la vérité, on pourrait dire que, dans les plantes cultivées par M. Dufour, celles qui ont vécu à la lumière atténuée n'ont pas eu le temps, en une seule génération, de devenir ombrophiles et, par suite, de faire varier leur optimum d'intensité lumineuse en ce qui concerne la décomposition de l'acide carbonique. En tout cas, les expériences de M. de Lamarlière ne permettent pas d'observer une pareille adaptation. Toujours la feuille à mésophylle le plus différencié a assimilé notablement plus que l'autre, ainsi qu'en témoignent les chiffres suivants, trouvés pour le Chêne et le Hêtre (1) :

	ÉNERGIE ASSIMILATRICE		STRUCTURE		
	Soleil	Ombre		Soleil	Ombre
Chêne.	0,064	0,035	1re assise palissadique.	12	7
	0,050	0,037	2e — — .	5	0
	0,159	0,073	Tissu lacuneux	12	9
				29	16
Hêtre.	0,038	0,024	1re assise palissadique.	10	5
	0,047	0,034	2e — — .	6	0
	0,081	0,068	Tissu lacuneux	9	6
				25	11

Ajoutons que cette question si importante des optima de lumière pour le phénomène assimilateur a besoin d'être reprise. Il faudrait pouvoir disposer facilement d'intensités lumineuses variées et définies, afin de faire un grand nombre

(1) Certes, on ne peut prétendre qu'une feuille d'ombre eût pu assimiler à la lumière diffuse autant qu'une feuille développée au soleil, à cause des différences profondes de structure ; mais enfin les rapports des énergies assimilatrices des deux feuilles eussent pu être plus voisins de l'unité à la lumière diffuse qu'à la lumière directe. Or, ce fait n'a pas été observé dans les expériences de M. de Lamarlière.

d'expériences très précises et d'étendre les recherches à des représentants de tous les types biologiques de végétaux.

Récemment, M. Ricôme (1) a pu observer des faits analogues aux précédents, en étudiant les caractères anatomiques des pédicelles floraux ; il a trouvé que la symétrie radiaire est souvent troublée et fait place à la symétrie bilatérale. Chez les pédicelles qui présentent la dorsiventralité, la face supérieure possède un tissu assimilateur mieux caractérisé qu'à la face inférieure. Les chloroleucites sont abondants, les cellules vertes nombreuses et souvent palissadiques *(Ruta graveolens, Daucus Carota, Heracleum Sphondylium)*. La face opposée est pauvre en chlorophylle et peut en être complètement dépourvue *(Sambucus Ebulus,* moitié basilaire des pédicelles de *Daucus)*; les cellules y sont isodiamétriques. Quand la chlorophylle se localise dans la zone externe de l'écorce en couche continue, cette zone est plus épaisse sur la face supérieure, les assises étant là plus nombreuses et les cellules plus allongées perpendiculairement à la surface *(Ruta)*.

Quand la couche chlorophyllienne n'est pas continue, le tissu assimilateur est disposé en rubans longitudinaux, dont la largeur et l'épaisseur, la richesse en chlorophylle, sont plus grandes sur la face supérieure (Ombellifères, *Chenopodium fœtidum*, *Lathyrus Aphaca*).

Cette inégalité de répartition du tissu chlorophyllien et de la chlorophylle n'existe pas quand les fleurs sont serrées au point d'empêcher la lumière solaire directe d'arriver jusqu'aux rameaux (*Achillæa filipendulina*, *Sedum spectabile*).

M. Ricôme a montré expérimentalement que c'est la radiation solaire et la pesanteur qui font apparaître sur les pédicelles normalement radiaires les caractères de la dorsiventralité. C'est la lumière directe qui engendre l'inégalité de développement du tissu assimilateur sur les deux faces.

Le même auteur a montré en outre que l'assimilation du carbone est plus énergique, par unité de surface, sur la face supérieure que sur la face inférieure des pédicelles qui ont normalement la structure bilatérale. En outre, pour les rameaux rendus dorsiventraux par l'expérience, la face

---

(1) H. Ricôme. Recherches expérimentales sur la symétrie des rameaux floraux. *Ann. Sc. nat. Bot.,* 8e série, t. VII, p. 293, 1899.

éclairée assimile plus que la face morphologiquement correspondante des pédicelles normaux; au contraire, la face restée dans l'ombre assimile moins que la face morphologiquement correspondante des pédicelles qui se sont développés dans les conditions naturelles.

3. *Plantes développées à la lumière continue et à la lumière discontinue; plantes arctiques.* — Nous avons dit tout à l'heure que jusqu'à présent on n'avait pas étudié les phénomènes physiologiques avec des intensités lumineuses données et constantes, l'emploi des photomètres enregistreurs n'étant ni pratique, ni d'une exactitude suffisante.

Cependant M. Bonnier (1) est arrivé sous ce rapport à des résultats fort intéressants à l'aide de la lumière électrique. Les cultures ont été faites dans le pavillon d'électricité des Halles centrales à Paris. Les plantes étaient soumises à une température sensiblement constante (13° à 15°), et à un état hygrométrique qui variait peu (66 à 72). La lumière électrique était produite par des lampes à arc sous globe, réglées à huit ampères, et les plantes, suivant la distance à laquelle elles se trouvaient des lampes, étaient protégées contre l'influence nuisible des rayons ultra-violets par une ou plusieurs épaisseurs de vitres. Des études spectroscopiques préalables ont fait voir qu'un verre d'une épaisseur convenable suffit pour éliminer la majeure partie des rayons ultra-violets. On sait d'ailleurs que la lumière des lampes à arc ne diffère guère de la lumière solaire, quant aux radiations qui correspondent au reste du spectre. M. Prillieux (2) a d'ailleurs montré que la lumière électrique permet aux plantes vertes de décomposer l'acide carbonique.

Ces conditions réalisées, M. Bonnier s'est demandé si, en supprimant le repos nocturne, et de plus en laissant la lumière continue toujours de la même intensité, il ne se produirait pas de modifications morphologiques chez les végétaux mis en expérience.

Un certain nombre de cultures furent faites à un éclairement

(1) G. Bonnier. Influence de la lumière électrique continue sur la forme et la structure des plantes. *Revue générale de Botanique*, t. VII, p. 241, 1895.

(2) Prillieux. *C. R.*, t. LXIX, p. 410.

électrique relativement peu intense, et chaque espèce étudiée a été éclairée toujours avec la même intensité lumineuse, à la lumière électrique continue ou à la lumière électrique discontinue (12 heures d'éclairement et 12 heures d'obscurité). Or, chez les plantes soumises à l'éclairement continu, il se produit d'une part, une surabondance de chlorophylle dans chaque cellule (1) et, d'autre part, une simplification de la structure et de la différenciation des tissus : cette sorte d'*étiolement vert* qui se produit ainsi est dû à la continuité de la lumière et aussi à sa faible intensité, comme le montrent les expériences faites avec des lumières électriques d'intensités différentes,

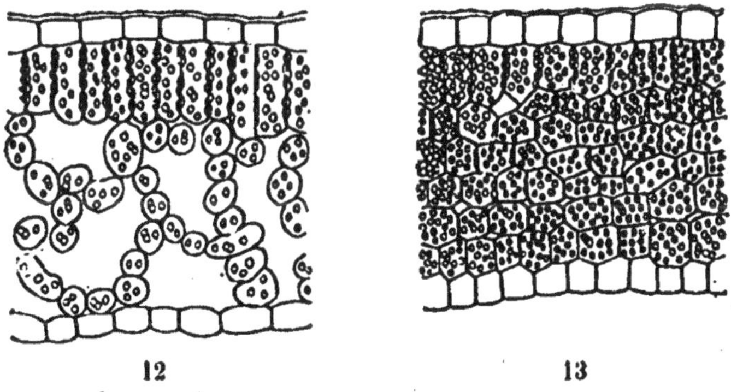

Fig. 12. — Feuille d'*Helleborus niger* développée à la lumière discontinue.
Fig. 13. — Feuille de la même plante développée à la lumière continue.
(d'après M. Bonnier.)

toutes les autres conditions restant les mêmes (fig. 12 et 13).

Or, dans un autre travail, M. Bonnier (2) avait comparé les plantes qui vivent dans les régions arctiques aux mêmes espèces qu'on rencontre dans les Alpes et dans les Pyrénées. Les plantes arctiques ont des feuilles plus épaisses mais moins différenciées; leur tissu en palissade est beaucoup moins marqué; les lacunes et les méats intercellulaires sont bien plus développés et l'épiderme a une cuticule moins épaisse. Le

(1) Des grains de chlorophylle peuvent même apparaître dans les éléments qui n'en contiennent pas à l'état normal, dans l'écorce jusqu'à l'endoderme ou dans les rayons médullaires et jusque dans la moelle (*Stachys tuberifera*, par exemple), d'après M. Dufour.

(2) G. Bonnier. Les plantes arctiques comparées aux mêmes espèces des Alpes et des Pyrénées. *Revue générale de Botanique*, t. VI, 1894, p. 505.

même auteur avait attribué à l'éclairement continu peu intense et à l'humidité plus grande de l'air, dans les hautes latitudes, les principales modifications de structure observées. Il restait à essayer de réaliser synthétiquement en quelque sorte cette structure arctique par l'expérience. A cet effet, M. Bonnier a cultivé dans des étuves vitrées convenablement disposées, maintenues à des températures peu élevées par un courant d'eau froide, des espèces à la fois alpines et arctiques provenant des Alpes et des Pyrénées (*Saxifraga oppositifolia*; *Silene acaulis*, *Salix reticulata*). En exposant ces cultures à un éclairement électrique continu et en les maintenant dans de l'air humide, on réalisait ainsi dans une certaine mesure les conditions physiques du milieu arctique. Il arriva justement que les feuilles nouvelles de ces plantes alpines, élevées dans les conditions qui réalisent à peu près le climat des régions polaires, acquirent une structure presque identique à celle qu'offrent naturellement les mêmes plantes récoltées au Spitzberg ou à l'île Jan Mayen.

Malheureusement, nous ne possédons à l'heure actuelle aucune donnée expérimentale sur l'énergie assimilatrice des plantes arctiques et des plantes développées artificiellement à la lumière continue.

4. *Plantes ayant crû dans des lumières inégalement réfrangibles.* — On sait, depuis les recherches de Gardner, Draper, Daubeny, Guillemin, Sachs et Wiesner, que la formation de la chlorophylle est favorisée par les radiations qui sont le plus lumineuses pour notre œil, celles dont la longueur d'onde est moyenne, et qui par conséquent correspondent au jaune. L'action verdissante décroît de chaque côté, tout en persistant jusqu'à une certaine distance dans l'ultra-violet et l'infra-rouge.

M. Teodoresco (1) vient de montrer en outre que la nature des radiations, autrement dit la qualité de la lumière, a une influence marquée sur la structure des plantes.

Cet auteur a fait développer un certain nombre d'espèces dans des cases placées côte à côte, séparées par des cloisons

---

(1) Teodoresco. Influence des diverses radiations lumineuses sur la forme et la structure des plantes. *Ann. Sc. nat. Bot.*, 8e série, t. X, p. 141.

opaques, et dont les faces latérales et supérieure étaient formées de verres colorés.

Ces verres, au nombre de trois sortes, bleus, rouges et verts, ont été étudiés au spectroscope.

Les premiers laissaient passer toute la partie la plus réfran-

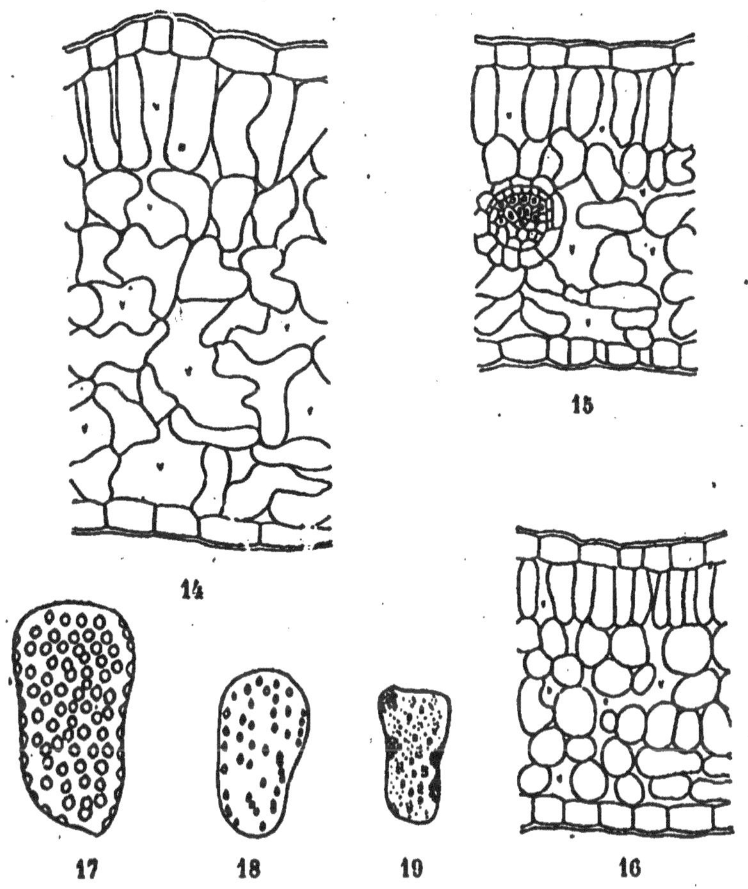

Fig. 14 et 17. — Feuilles et cellules palissadiques de *Faba vulgaris* à la lumière bleue.
Fig. 15 et 18. — Les mêmes, à la lumière rouge.
Fig. 16 et 19. — Les mêmes, à la lumière verte.
(d'après M. Teodoresco.)

gible du spectre, jusqu'au milieu du jaune; les seconds n'étaient perméables qu'aux radiations rouges; enfin, les troisièmes laissaient passer le vert avec très peu de jaune.

M. Teodoresco a trouvé que le limbe des feuilles présente

toujours le maximum de surface chez les plantes exposées à la lumière bleue : c'est sous l'action des radiations vertes que cette surface est le plus petite, tandis que dans la lumière rouge les limbes ont des surfaces intermédiaires. L'effet produit par la lumière bleue se rapproche donc de celui qui est dû à la lumière normale; l'effet dû à la lumière verte se rapproche au contraire de celui qui est produit par l'obscurité.

Les épaisseurs des tissus palissadique et lacuneux, ainsi que la largeur moyenne des espaces aérifères, ont un minimum de développement dans le vert; ces épaisseurs sont plus grandes dans le rouge et encore plus dans le bleu. En outre, les chloroleucites sont dans la lumière verte plus petits, moins nombreux, à contours mal définis, épars dans les cellules, et contiennent moins de chlorophylle que dans les lumières rouge et bleue. Dans cette dernière lumière, les chloroleucites sont toujours nettement visibles, plus volumineux et disposés le long des membranes cellulaires; ils sont plus gros et plus colorés dans le bleu que dans le rouge et dans ce dernier que dans le vert (fig. 14, 15, 16, 17, 18, 19).

Ajoutons que, par unité de surface, le nombre des stomates est plus grand dans le vert que dans le rouge et dans le rouge que dans le bleu.

Il était impossible que ces différences anatomiques ne retentissent pas sur la décomposition de l'acide carbonique. M. Griffon (1), en expérimentant sur l'Arachide (*Arachis hypogæa*) et le Maïs (*Zea Mays*), a obtenu comme valeurs de l'énergie assimilatrice, pour les feuilles ayant évolué dans des lumières différentes, les nombres suivants :

	LUMIÈRE		
	bleue	rouge	verte
Arachide	0 cc. 054	0 cc. 041	0 cc. 027
Maïs.	2 cc. 440	1 cc. 602	0 cc. 823

Comme la différenciation du mésophylle, la richesse en chlorophylle et aussi l'intensité de la coloration verte sont plus grandes dans le bleu que dans le rouge, et dans celui-ci

(1) *Loc. cit.*

que dans le vert, on voit que l'énergie assimilatrice concorde parfaitement avec la structure et la quantité de chlorophylle d'une part, avec le degré de la teinte verte d'autre part.

II. Action de la chaleur.

1. *Plantes de plaine et plantes de montagne.* — Lorsque les plantes végètent sur les hautes montagnes, elles acquièrent des caractères spéciaux qui intéressent surtout les organes végétatifs, les organes reproducteurs étant très peu modifiés (fleurs plus grandes et plus vivement colorées).

Un certain nombre d'observateurs avaient déjà porté leur attention sur ce fait, en comparant, au point de vue morphologique, les plantes de montagne avec les mêmes espèces croissant en plaine; mais leurs conclusions parfois contradictoires restaient forcément douteuses, parce que l'origine des plantes comparées était tout à fait inconnue, de telle sorte qu'il n'était pas possible de savoir si le caractère que l'on observait devait être attribué à l'influence immédiate du milieu ou à une longue adaptation. M. Bonnier (1) a traité la question expérimentalement, en cultivant, à des altitudes différentes et sur un même sol, des espèces qu'on trouve spontanées et normalement développées à ces mêmes altitudes; les influences individuelles étaient éliminées en employant, soit des graines d'une même plante, soit des portions du même pied, pour une espèce donnée. Grâce à de nombreuses expériences, M. Bonnier a établi qu'un plant de plaine, transporté à une altitude supérieure, acquiert, sous l'influence du climat alpin, un certain nombre de modifications dont nous ne citerons que les suivantes : les parties souterraines sont plus développées, les tiges plus courtes, à entre-nœuds moins nombreux et moins longs et les tissus protecteurs sont mieux marqués; les feuilles sont plus petites, plus épaisses et d'un vert plus foncé; les tissus assimilateurs du limbe sont très différenciés et mieux disposés pour la fonction chlorophyllienne; le tissu palissadique, en effet, est plus développé, soit parce que ses cellules sont plus longues et plus étroites, soit parce que le nombre des assises palissadiques est plus considérable; en

(1) G. Bonnier. Recherches expérimentales sur l'adaptation des plantes au climat alpin. *Ann. Sc. nat. Bot.*, 7e série, t. XX, p. 217.

outre, les cellules renferment un plus grand nombre de chloroleucites, et ceux-ci sont plus gros et plus verts; enfin, le nombre des stomates est plus grand, surtout sur la face supérieure du limbe (1) (fig. 20 et 21).

Or ces modifications anatomiques influent, comme il fallait s'y attendre, sur les fonctions physiologiques. Il paraît évident que l'énergie assimilatrice d'une feuille de montagne doive être plus grande que celle d'une feuille de plaine; mais, dit M. Bonnier, on pourrait faire plusieurs objections à ces conclusions *a priori*. La première assise en palissade, en effet, ne sert-elle pas d'écran empêchant à la lumière de pénétrer dans les couches sous-jacentes? D'autre part, la

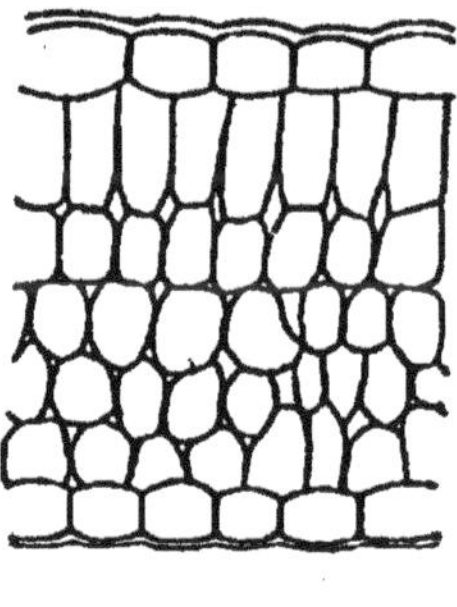

20

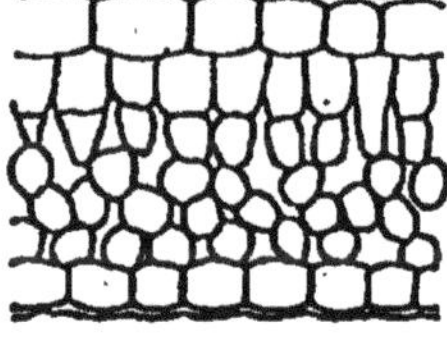

21

Fig. 20. — Feuille de *Galeopsis Tetrahit*. Echantillon de montagne.
Fig. 21. — Feuille de la même plante. Échantillon de plaine.
(d'après M. Bonnier.)

nature de la chlorophylle n'est-elle pas modifiée par le climat? Des expériences directes étaient donc nécessaires; elles ont été exécutées par M. Bonnier, dans les Alpes et dans les Pyrénées, et ont donné les résultats suivants : à égalité de surface et dans les mêmes conditions extérieures, les feuilles des plantes cultivées dans la région alpine, à l'altitude où elles présentent leur différenciation caractéristique, assimilent toujours plus que celles de l'échantillon de plaine. Par leur structure spéciale, les feuilles des plantes de montagne sont donc adaptées à une fonction assimilatrice plus intense.

Toutefois, le même auteur ajoute que les différences si marquées observées dans l'intensité de l'assimilation dépen-

(1) Ces résultats ont été confirmés depuis par Wagner, *Sitz. d. k. Akad. d. wiss. in Wien, math. naturw. classe.* Band II. Abth. I, 1892.

dent surtout du développement du tissu palissadique et de la quantité de chlorophylle contenue dans les cellules; il faudrait donc tenir compte de ces deux modifications capitales, qui agissent dans le même sens, pour connaître la part qui revient à chacune d'elles dans les résultats physiologiques obtenus.

M. Bonnier s'est ensuite demandé quelles peuvent être les conditions de milieu capables de provoquer chez les plantes les caractères alpins qui ont été énumérés plus haut. Or, ce qui distingue surtout le climat de montagne, c'est : 1° l'éclairement plus intense; 2° l'air plus sec; 3° la température plus basse.

Les deux premiers facteurs pris isolément agissent dans le même sens, pour provoquer dans le végétal tout entier une floraison plus hâtive et, dans la structure de chaque feuille, une différenciation plus grande. Il s'agit donc de voir quel est le rôle de la température.

2. *Plantes qui se sont développées à des températures différentes.* — En cultivant un certain nombre d'espèces

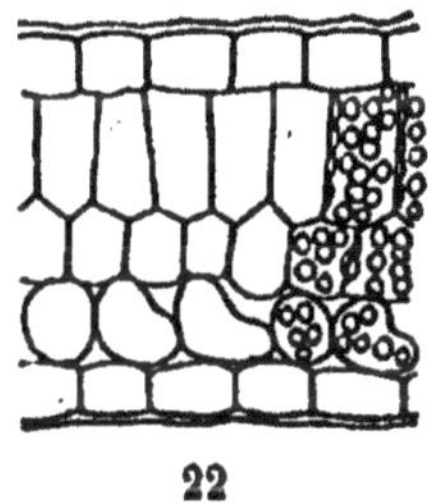

22

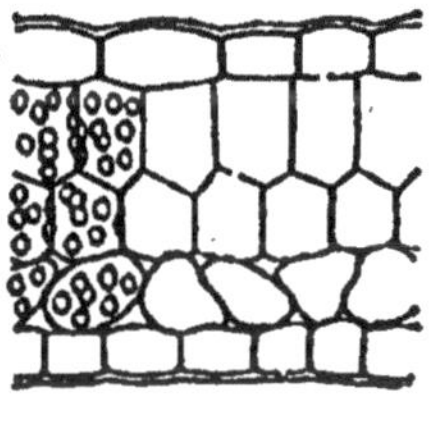

23

Fig. 22. — Feuille de *Stachys silvatica*; armoire chaude.
Fig. 23. — Feuille de la même plante; armoire froide.

dans des armoires situées côte à côte, mais dont l'une avait ses parois entourées de glace, ce qui abaissait la température de 5 degrés en moyenne, M. Bonnier (1) a obtenu des plantes dont les feuilles provenant de l'armoire à température normale étaient plus vertes que celles qui s'étaient développées dans l'armoire froide; sous l'influence d'une élévation de température de 5 degrés seulement, ce tissu palissadique était

(1) Recherches inédites.

mieux marqué et les cellules plus riches en chlorophylle (fig. 22 et 23). M. Griffon (1) a montré que ces modifications anatomiques qui accentuent la teinte verte contribuent en même temps à accroître l'énergie assimilatrice.

Mais ces recherches ne portent en somme que sur des différences de température relativement faibles, et du reste elles paraissent montrer que l'influence du froid dans les montagnes contrarie l'action des deux autres facteurs dont nous avons parlé tout à l'heure, à savoir l'éclairement plus intense et l'air plus sec. M. Bonnier, il est vrai, pensait que le froid avait surtout pour effet d'accentuer le développement des tissus protecteurs qui sont si bien marqués chez les plantes à feuilles persistantes et chez les plantes alpines.

3. *Plantes rendues artificiellement alpines par l'alternance des températures extrêmes.* — M. Bonnier (2) a alors essayé de provoquer artificiellement l'apparition des caractères alpins en cultivant des plantes de façon qu'elles reçussent chaque jour des quantités de chaleur très différentes. On sait en effet que, dans les hautes montagnes, la lumière est très vive pendant la journée, alors que pendant la nuit il y a un refroidissement très intense par suite du rayonnement. Les expériences ont porté sur des plantes vivaces et des plantes annuelles. Les premières provenaient, pour chaque espèce, du même pied, afin d'éliminer les caractères individuels (*Trifolium repens, Teucrium Scorodonia, Senecio Jacobæa*). Les secondes étaient issues de graines récoltées sur le même pied (*Vicia sativa, Avena sativa, Hordeum vulgare*).

Un premier lot fut placé dans une étuve entourée sur ses trois faces de glace fondante renouvelée deux fois par jour, les plantes étant exposées au Nord; les températures extrêmes étaient 4 degrés et 9 degrés et la moyenne 7 degrés. Un deuxième lot fut placé dehors, les températures extrêmes étant 15 degrés et 30 degrés, la moyenne 20 degrés. Enfin, un troisième lot passait régulièrement la nuit dans l'étuve à glace et la journée dehors, comme le lot numéro 2. Au bout de

---

(1) *Loc. cit.*

(2) G. BONNIER. Expériences sur la production des caractères alpins des plantes par l'alternance des températures extrêmes. *C. R.*, t. CXXVII, p. 307, 1898.

deux mois, les caractères alpins étaient apparus dans le numéro 3, soumis aux conditions alternantes de température, c'est-à-dire que les entre-nœuds étaient proportionnellement plus courts, les tiges plus robustes, les feuilles plus petites, plus épaisses et plus fermes, la floraison plus hâtive, les fleurs plus colorées. En faisant la comparaison des feuilles dans les trois lots, il apparaissait nettement que la coloration verte la moins foncée se rencontrait toujours dans le lot numéro 3 (plantes aux caractères alpins). Les feuilles provenant de l'étuve à glace (lot n° 1) étaient glabres et d'un vert frais, tandis que celles du dehors étaient d'un vert terne. Les plantes

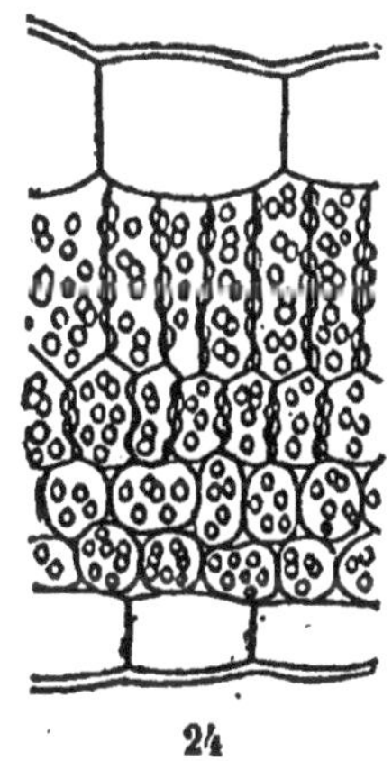

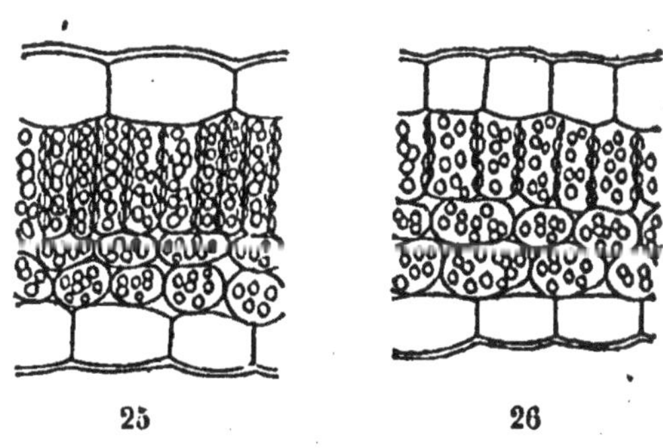

24 25 26

Fig. 24. — Feuille de *Teucrium Scorodonia;* températures alternes.
Fig. 25. — Feuille de la même plante; dehors.
Fig. 26. — Feuille de la même plante; étuve froide.

du lot n° 3 (1) avaient un parenchyme en palissade très développé, mais les chloroleucites étaient pâles, contrairement à ce qui a lieu dans les Alpes, quelque condition sans doute n'ayant pas été convenablement remplie. Néanmoins, l'énergie assimilatrice s'est toujours montrée plus élevée dans les feuilles de ce lot que dans celles des lots 2 et 1; le grand développement du tissu palissadique a donc plus que compensé la diminution du pigment vert dans les chloroleucites (2) (fig. 24, 25 et 26).

---

(1) G. Bonnier. Caractères anatomiques et physiologiques des plantes rendues artificiellement alpines par l'alternance des températures extrêmes. *C. R.*, t. CXXVII, p. 1143, 1898.
(2) Griffon. *Loc. cit.*

III. Action de l'état hygrométrique.

1. *Plantes développées à l'humidité et à la sécheresse. Plantes arctiques.* — Un certain nombre de physiologistes, et en particulier Wiesner, s'étaient déjà préoccupés de l'influence de l'humidité sur la structure des plantes.

M. Lothelier (1) a fait une étude expérimentale de la question en cultivant des pieds identiques d'une même espèce, l'un à l'air sec, l'autre dans un air saturé d'humidité : le premier était placé en effet sous une cloche où de petits flacons, régulièrement étagés et remplis d'acide sulfurique concentré,

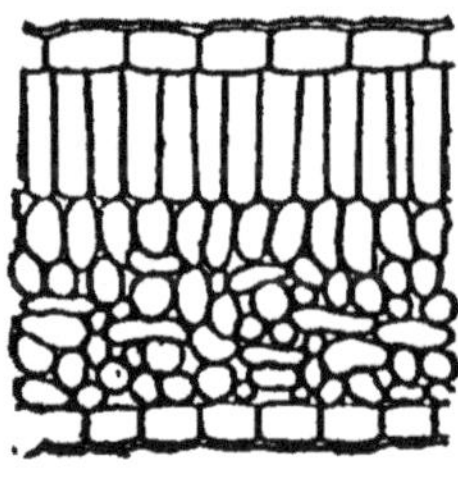

27

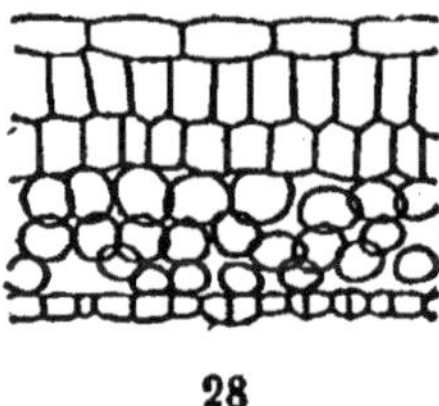

28

Fig. 27. — Feuille de *Berberis vulgaris;* atmosphère sèche.
Fig. 28. — Feuille de la même plante; atmosphère humide.
(D'après M. Lothelier.)

absorbaient toute la vapeur d'eau; le second, au contraire, avait à côté de lui, sous la cloche, de petits flacons contenant de l'eau et qui maintenaient l'air saturé. Toutes les autres conditions, telles que la température, l'éclairement, la nature du sol, étaient aussi identiques que possible, de part et d'autre.

Or, les feuilles développées dans l'air sec présentent les caractères suivants :

Le parenchyme en palissade est plus développé, soit par l'allongement plus grand des cellules palissadiques, soit par un plus grand nombre de ses assises.

La feuille est plus épaisse et la cuticule plus développée.

Les stomates sont plus nombreux.

Ce sont là, comme on le voit, les caractères des plantes

---

(1) Lothelier. Recherches sur les plantes à piquants. *Revue générale de Botanique*, t. V, p. 518, 1893.

alpines. D'ailleurs, l'action de l'air sec s'ajoute, ainsi que nous l'avons dit, à celle de l'éclairement plus intense.

Dans l'air humide, les feuilles augmentent de surface, mais diminuent d'épaisseur; le tissu palissadique se réduit, si même il ne disparaît pas; les lacunes se développent et les tissus de soutien et de protection sont peu marqués : en un mot, l'appareil végétatif est peu différencié (fig. 27 et 28).

M. Bonnier a vérifié expérimentalement les résultats obtenus par M. Lothelier. Il a en outre montré qu'à égalité de surface, la feuille d'une plante donnée, qui s'est développée dans un air sec, assimile plus que la feuille de la même espèce qui s'est développée dans l'air saturé.

Il en résulte donc que l'air plus sec agit dans le même sens que l'éclairement plus grand, tant au point de vue physiologique qu'au point de vue anatomique.

Or, en comparant les plantes qui vivent dans les régions arctiques et les plantes alpines, M. Bonnier a trouvé notamment que, chez les premières, les feuilles sont, comme nous l'avons déjà dit, plus épaisses, mais moins différenciées; que le tissu en palissade y est beaucoup moins marqué, que les lacunes ou méats s'y montrent bien plus développés; que l'épiderme est moins cohérent et à cuticule moins épaisse (1). Ces différences s'expliquent précisément par l'influence de l'humidité (M. Lothelier) et de la continuité de l'éclairement (M. Bonnier) sur la structure. On sait en effet que l'état hygrométrique est plus élevé dans la zone glaciale que dans la zone tempérée; selon M. Vallot, la valeur de l'état hygrométrique est de 92,2 à l'île Jan-Mayen (2), de 80 au Spitzberg, de 66 aux Grands-Mulets. Or, nous venons de dire que plus l'état hygrométrique est élevé, plus la structure des feuilles se simplifie; mais l'épaisseur du mésophylle n'est pas augmentée pour cela, au contraire. Comme, dans les plantes arctiques, cette épaisseur est plus grande que dans les mêmes espèces des Alpes, il faut, pour expliquer cette différence,

(1) G. Bonnier. *Loc. cit.*
(2) Il est intéressant de constater qu'à Jan-Mayen, où l'humidité est plus grande qu'au Spitzberg, bien que les deux pays soient dans la zone glaciale, les plantes présentent une simplification de structure plus grande.

avoir recours à un autre facteur, lequel est précisément, comme l'a montré M. Bonnier, la continuité de l'éclairement; ce dernier, moins intense, mais non interrompu dans les régions arctiques, est en effet plus fort, mais discontinu, dans la zone supérieure des Alpes.

IV. Action des sels minéraux.

Un certain nombre de sels minéraux ont une influence très marquée sur la production de la chlorophylle et par suite sur l'énergie assimilatrice.

Parmi ces sels, les uns gênent la formation de la matière verte, les autres la favorisent. On sait également que l'action nuisible ne se manifeste qu'à partir d'une dose variable avec la nature du sel employé et que l'action favorable finit par changer de sens quand la dose incorporée au sol ou au liquide nutritif dépasse un certain maximum.

Parmi les sels qui exercent une action favorable, nous citerons particulièrement les nitrates, les sels de fer et même ceux de cuivre, dans une certaine mesure au moins. Parmi ceux qui exercent une action défavorable, signalons le chlorure de sodium et, pour toute une catégorie de plantes, le calcaire; nous pourrions en ranger bien d'autres dans ce dernier groupe, mais ces sels ne se rencontrent jamais ou presque jamais dans les sols, et par suite n'influent pas habituellement sur la végétation. Tout au plus pourrions-nous signaler ceux de zinc : Beaumann (1) a montré que, si des solutions nutritives à $\frac{1}{1000}$ de sulfate de zinc sont inoffensives, des solutions à $\frac{5}{1000}$ font périr les plantes après avoir altéré la chl. rophylle; il y a cependant des espèces qui vivent dans des sols riches en zinc (*Viola calaminaria*, *Thlaspi alpestre*, etc.); leurs cendres renferment jusqu'à 21 p. 100 d'oxyde de zinc. Dans les terres, les humates et l'acide humique précipitent les sels de zinc et leur enlèvent leur nocivité. Enfin, tant que les plantes n'ont pas de matière verte, elles se développent bien dans des solutions, même très concentrées, de sulfate de

(1) *Land. Vers.*, t. XXX, 1er fasc.

zinc. Les Champignons vivent très bien également dans ces solutions qui tueraient les plantes vertes (Raulin).

1. *Nitrates.* — Les agronomes du milieu de ce siècle, Boussingault, Georges Ville, Schattenmann, Isidore Pierre, Salm-Hortsmar, S. Cloez, Villemorin, Kuhlmann, Payen, Lawes et Gilbert, ont mis en évidence le rôle considérable joué par les nitrates dans le verdissement et le développement des plantes (1). Il n'est pour ainsi dire pas d'agriculteur aujourd'hui qui ignore l'influence bienfaisante du salpêtre du Chili, le nitrate de soude, sur les Céréales au sortir de l'hiver. Bacon, Glauber, Dygbé, au XVIIe siècle, Henshau au XVIIIe, Dolomieu avaient déjà reconnu que le salpêtre est un engrais très efficace. Avec des doses de 300 à 500 kilogrammes à l'hectare, on provoque la formation d'un feuillage abondant et d'une teinte verte très foncée, laquelle est bien due à une grande richesse en chlorophylle. Si l'on examine en effet des Graminées qui ont crû dans des sols pauvres, on voit que les chloroleucites sont moins nombreux, moins gros et surtout moins verts que ceux des feuilles des mêmes plantes ayant subi l'action des nitrates.

D'autre part, l'énergie assimilatrice de ces feuilles, comme il fallait s'y attendre en comparant les rendements, et comme M. Griffon s'en est assuré par des mesures directes, est notablement supérieure à celles des feuilles restées pâles par suite du défaut d'azote nitrique.

2. *Sels de fer.* — L'influence des sels de fer sur le verdissement a donné lieu à des discussions très nombreuses, mais elle est absolument hors de doute.

Eusèbe Gris (2), dès 1845, traitait la chlorose des plantes en incorporant au sol des cristaux de sulfate de fer ou en pulvérisant sur les feuilles malades des solutions de ce sel.

(1) Il est bien entendu que la base des nitrates employés ne doit pas être toxique. On utilise en agriculture le nitrate de potasse et surtout le nitrate de soude : le premier donne une récolte supérieure, selon Edler, égale, selon Dehérain, à celle que donne le second ; en réalité, il faut tenir compte de la nature du sol employé dans la discussion des résultats obtenus.

(2) Eusèbe Gris. *C. R.*, p. 1386, 1845.

Arthur Gris (1) a montré ensuite que les feuilles qui ont reverdi, grâce au fer, contiennent des grains de chlorophylle plus nombreux, à contours plus nets et à teinte plus foncée.

Decaisne (2), et après lui de nombreux expérimentateurs, ont pu vérifier l'exactitude des résultats de Gris. Aussi, depuis un certain nombre d'années, l'emploi du sulfate de fer pour le traitement de la chlorose est entré dans le domaine de la pratique agricole et horticole. Les insuccès obtenus par un certain nombre d'expérimentateurs tiennent sans doute à la nature du sol, aux doses employées qui, trop faibles, n'agissent pas et, trop fortes, tuent les plantes; ils tiennent aussi à ce fait que la chlorose peut être produite par des causes très différentes, contre lesquelles le fer ne doit pas toujours lutter seul.

Salm Hortsmar (3) et Sachs (4) ont d'ailleurs montré que les végétaux qui se développent dans un milieu dépourvu de fer deviennent vite chlorotiques et finissent par périr. Si l'on ajoute à ce milieu l'élément ferrugineux qui fait défaut, les plantes reverdissent et prospèrent; les chloroleucites, en effet, se multiplient et prennent une coloration plus intense, comme l'a observé M. Zimmermann (5). La fonction chlorophyllienne se trouve aussi accrue : M. Zimmermann l'a fait voir en examinant l'amidon formé; M. Griffon (6) l'a vérifié en employant la méthode, plus exacte, de l'évaluation des quantités d'acide carbonique décomposé ou d'oxygène dégagé à la lumière.

3. *Sels de cuivre.* — De nombreux expérimentateurs, et en particulier Nægeli, Haselhof Lœw, Otto, Coupin, ont montré que les sels de cuivre sont toxiques pour les racines, même à une dose très faible.

Cette question de la toxicité des sels de cuivre a beaucoup préoccupé, dans ces derniers temps, les agronomes et les

(1) Arthur Gris. Recherches microscopiques sur la chlorophylle. *Thèse* de Doctorat. Paris, 1857, p. 29.

(2) Decaisne. *Revue horticole*, 1868, p. 221.

(3) Salm-Hortsmar. *Ann. de Chim. et de Phys.*, 3e série, t. XXXII, p. 460.

(4) Sachs. *Arbeit. d. bot. Inst. in Würzburg*, t. III, p. 433.

(5) Zimmermann. *Beitrage zur Morphologie und Physiologie der Pflanzenzelle*, 1890-1893.

(6) Griffon. *Loc. cit.*

physiologistes. Aujourd'hui, en effet, on pulvérise des solutions de sulfate de cuivre à 3 ou 4 p. 100 sur les Céréales en herbe, afin de détruire cette mauvaise plante si envahissante qu'on appelle la Sanve ou Moutardon *(Sinapis arvensis)* : les feuilles délicates et poilues de la Crucifère sont vite brûlées, alors que celles des Céréales restent indemnes.

On sait aussi que les sels de cuivre sont très couramment employés pour combattre les maladies cryptogamiques : leur action, connue depuis le commencement de ce siècle, grâce aux recherches de Bénédict Prévost, trouve aujourd'hui son application en agriculture, en horticulture et en viticulture. Les différentes préparations désignées du nom de bouillies (bouillie bordelaise ou à la chaux, bouillie bourguignonne ou à la soude, bouillie au savon, bouillie sucrée, etc.) permettent de lutter avantageusement par exemple contre les Péronosporées parasites des feuilles, telles que le *Plasmopara viticola* qui cause le mildiou de la Vigne, le *Phytophthora infestans* qui cause la maladie de la Pomme de terre, contre certains Ascomycètes comme le *Guignardia Bidwellii* ou champignon du black-rot.

Mais il résulte en outre d'un certain nombre d'observations, que les sels de cuivre appliqués sur les feuilles auraient, en dehors de leur action anticryptogamique, une influence bienfaisante sur la végétation.

M. Rumm (1), notamment, a montré que les feuilles traitées à la bouillie bordelaise prennent une teinte verte plus accentuée, par suite de la formation plus active de la chlorophylle. Des horticulteurs affirment qu'ils obtiennent de belles plantes à feuillage foncé, grâce à des pulvérisations de sels de cuivre. De nombreux viticulteurs ont remarqué que les vignes sont souvent plus vigoureuses et plus vertes les années de maladie, quand les sulfatages ont été énergiques, qu'en temps ordinaire où, par suite de l'absence de mildiou, on ne pulvérise pas sur les feuilles de bouillie cuprique.

M. Rumm, par des recherches spectroscopiques, n'est pas arrivé à mettre en évidence la présence du cuivre dans les feuilles traitées; mais, fait remarquer M. Mangin, on sait que la méthode électrolytique est plus délicate et que c'est grâce

---

(1) Rumm. *Berich. d. deut. Bot. Gesell.*, 1893, Bd XI, p. 79.

à elle qu'on a pu trouver des traces de cuivre dans un grand nombre de plantes croissant naturellement; cette méthode aurait peut-être permis de déceler la présence du cuivre dans les feuilles qui ont reçu des pulvérisations de bouillies cupriques. Mais il est encore possible que les quantités de cuivre absorbé soient si faibles, que l'analyse ne puisse les révéler; à cette dose infime, loin d'être un poison pour la plante, le cuivre exciterait cette dernière à produire de la chlorophylle.

M. Griffon a mis en évidence le rôle du cuivre, en cultivant des plants de Fève et de Maïs dans du liquide de Knop (1), auquel il ajoutait de faibles quantités de sulfate de cuivre. Quand la dose était si minime, $\frac{1}{20000}$ par exemple, que les racines étaient peu attaquées, on n'observait aucune influence sur le verdissement. A la dose de $\frac{1}{10000}$, au contraire, les feuilles prenaient une teinte plus foncée; les racines, il est vrai, se développaient à peine, et les dimensions des plantes, et en particulier des feuilles, se trouvaient notablement réduites. De nombreux expérimentateurs ont pu observer, d'ailleurs, que des plantes cultivées dans l'eau distillée provenant d'un alambic en cuivre sont plus vertes, quoique moins développées, que dans le liquide de Knop normal : l'augmentation de l'intensité de la teinte verte tient vraisemblablement à la présence d'un peu de cuivre dans l'eau distillée.

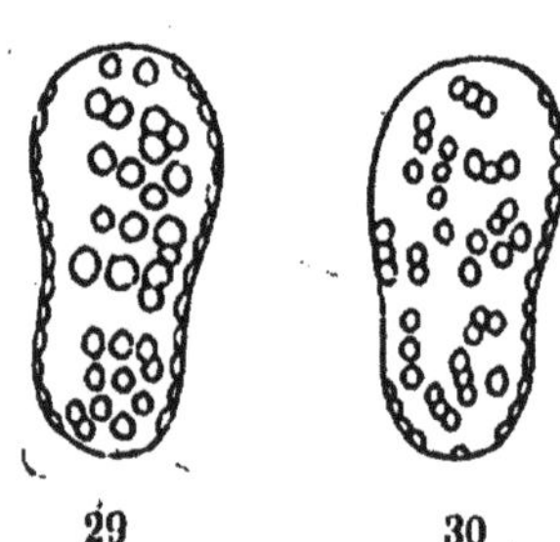

Fig. 29. — Cellule palissadique de *Faba vulgaris*; Knop normal.
Fig. 30. — Cellule palissadique de la même plante; Knop additionné de cuivre.

Or, la teinte verte plus accentuée des plantes ayant végété dans des solutions contenant du cuivre est bien due à ce que les chlo-

(1) Ce liquide est une solution nutritive très communément employée dans les laboratoires. Sa composition est la suivante : eau distillée, 1000 ; nitrate de chaux, 1 ; phosphate de potasse, 0,250 ; nitrate de potasse, 0,250 ; sulfate de magnésie, 0,250 ; phosphate de peroxyde de fer, traces.

roleucites sont, sinon plus nombreux, du moins plus gros et plus colorés dans chaque cellule (fig. 29 et 30). Aussi, par unité de surface, les feuilles de ces plantes décomposent-elles plus d'acide carbonique que celles provenant des mêmes espèces qui se sont développées dans des solutions dépourvues de cuivre.

4. *Chlorure de sodium; l'assimilation chlorophyllienne chez les plantes du littoral.* — Avec le chlorure de sodium, nous arrivons au groupe des sels qui exercent une action nuisible sur le verdissement. Ce corps est abondant, soit sur le littoral de la mer, soit en plein continent, dans les sols qui ont été autrefois le fond de lacs visités de temps en temps par les eaux marines. On rencontre dans ces terrains une flore spéciale, dont les espèces sont, d'après M. Costantin, caractérisées par un épaississement des feuilles, des tiges et des fruits, un changement dans la nuance verte de la plante et, dans quelques cas, par une production abondante de poils sur tout l'individu. M. Lesage (1) a fait, il y a quelques années, une étude anatomique comparative des espèces ubiquistes qu'on rencontre sur le littoral et en plein continent; il a pu, en outre, par des cultures expérimentales, en arrosant des plantes avec des dissolutions assez concentrées de chlorure de sodium, montrer que c'est bien le sel qui produit les modifications de structure observées. M. Schimper (2) l'a fait voir aussi en cultivant en terre ferme, à Buitenzorg, des plantes habitant la Mangrove, telles que les *Sonneratia* ou l'*Acanthus ilicifolius*, ou en examinant des plantes de l'intérieur des terres croissant accidentellement dans le port de Batavia (*Calophyllum iniphyllum, Clerodendron inerme, Scevola Königii*). Les plantes qui croissent ainsi dans les milieux salés s'enrichissent réellement en chlorure de sodium, comme MM. Stahl et Lesage l'ont vérifié; avant eux, Cloez avait trouvé que les Choux marins du littoral renferment 75,8 de chlorures pour 100 de cendres et les mêmes espèces venues au Muséum 10,2 seulement. M. Dehérain avait obtenu des Haricots gorgés de chlorure de potassium, en arrosant le sol avec

(1) Lesage, Influence du bord de la mer sur la structure des feuilles. *Thèse* de Doctorat. Paris, 1890.
(2) Schimper, *Indo-Malaysche Strandflora*, 1891.

des dissolutions de ce corps ou de sel marin qui fait double décomposition avec les sels potassiques de la terre arable; depuis, MM. Berthault et Crochetelle ont vu que le blé des régions salées de l'Habra en Algérie est quelquefois assez riche en chlorures, pour que les tiges présentent des efflorescences de chlorure de potassium; et, enfin, M. Bonjean a trouvé que les raisins provenant de ces mêmes terrains renferment normalement beaucoup de chlorure de potassium et de chlorure de magnésium.

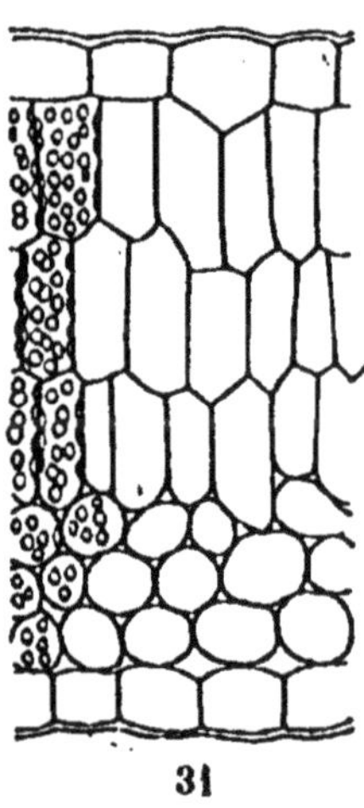

31

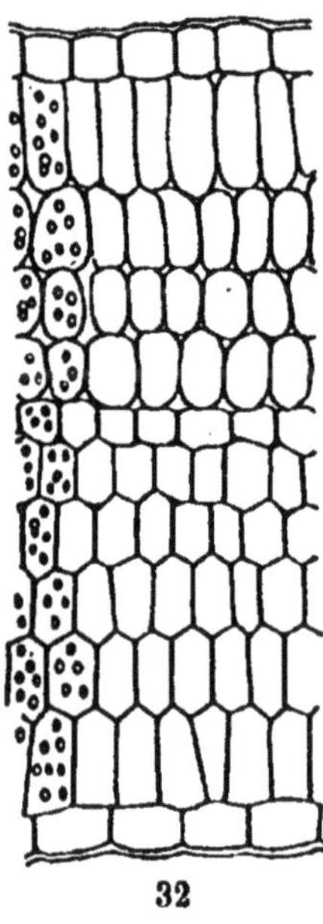

32

Fig. 31. — Feuille de *Plantago major*; intérieur des terres.
Fig. 32. — Feuille de la même plante; littoral.

Quant aux modifications anatomiques dues à l'action du sel marin et concernant les feuilles, elles peuvent se résumer ainsi : d'une part, augmentation de l'épaisseur du mésophylle, développement plus parfait du tissu palissadique et réduction des lacunes; d'autre part, formation moins abondante de chlorophylle, ce qui détermine une coloration vert jaunâtre ou vert pâle caractéristique (fig. 31 et 32).

On remarquera qu'au point de vue de la fonction chlorophyllienne, ces deux sortes de modifications sont nettement antagonistes. Si une feuille, en effet, a une épaisseur plus grande, un mésophylle plus riche en tissu palissadique et des lacunes moins développées, il semble qu'elle doive assimiler davantage, et c'est ce que pensait Henri Lecoq qui, à propos des feuilles épaisses et charnues des plantes du littoral, disait que le sel « donne à ces organes une plus grande vitalité et une plus grande puissance de décomposition pour l'acide carbonique ». Mais, en revanche, si les chloroleucites sont moins nombreux, moins gros et surtout moins verts dans chaque cellule, il y a lieu de se demander quelle influence cette diminution peut avoir sur l'assimilation et quelle sera la résultante de ces deux effets opposés.

Certains auteurs, MM. Brick, Lesage et Schimper, ont bien montré que la formation de l'amidon est plus ou moins entravée chez les plantes halophytes, mais cela nous renseigne peu sur la véritable valeur de l'énergie assimilatrice.

M. Griffon s'est proposé de déterminer cette dernière, en comparant, au point de vue de la fonction chlorophyllienne, des feuilles appartenant à des mêmes espèces croissant à la fois sur le bord de la mer et en plein continent. Les expériences ont porté sur les plantes ubiquistes suivantes : *Atriplex hastata, Beta maritima, Lycium barbarum, Plantago major, Tussilago Farfara, Senecio vulgaris, Polygonum aviculare, Medicago Lupulina*. L'auteur a toujours trouvé que l'énergie assimilatrice, chez les feuilles des halophytes, est inférieure à celle des feuilles provenant de l'intérieur des terres ; l'augmentation du tissu palissadique n'arrive donc pas à compenser la réduction de la chlorophylle due à l'action nuisible du sel marin (1).

5. *Carbonate de chaux ; l'assimilation chlorophyllienne chez*

---

(1) Schimper a admis que la formation moindre d'amidon chez les halophytes est due à l'affaiblissement de la transpiration, les recherches de Sachs, Burgerstein et Pfeffer ayant montré qu'une concentration élevée des cellules en substances salines diminue la transpiration, parce que le ravitaillement en eau est devenu très difficile ; le courant d'eau étant ralenti dans la plante, l'assimilation devient alors moins active. Les plantes halophytes trouvent ainsi le moyen d'arrêter leur transpiration afin d'empêcher le sel de s'accumuler dans les tissus et d'amener la mort. Une telle adaptation est très possible, en effet, mais il faut remarquer que les expériences de M. Griffon ont été exécutées sur des feuilles isolées dans lesquelles l'eau ne se renouvelle pas ; d'ailleurs, rien que du fait de la réduction de la chlorophylle, la chlorovaporisation se trouve très amoindrie.

les plantes chlorotiques (1). — Le carbonate de chaux nuit également au développement d'un certain nombre de plantes dont les feuilles prennent alors une teinte jaunâtre et sont dites *chlorotiques*. Les Poiriers, par exemple, parmi les arbres fruitiers, sont très sensibles au calcaire, les Vignes américaines aussi, surtout quand le sol est peu argileux et que le calcaire se trouve sous un état physique tel, que les eaux chargées d'acide carbonique le dissolvent facilement.

M. Griffon a examiné anatomiquement des feuilles chlorotiques de Poirier (*Pirus communis*), de Vigne (*Vitis vinifera*), de Robinier (*Robinia pseudo-Acacia*), d'Ailante (*Ailantus glandulosa*). Les feuilles de Poirier et de Vigne étaient franchement jaunâtres sur les deux faces; il y avait néanmoins de la chlorophylle dans tout le mésophylle, le long des nervures; ailleurs, le parenchyme lacuneux seul renfermait de la matière verte. Le même auteur a en outre établi expérimentalement que ces feuilles, quoique jaunâtres, avaient conservé la propriété de décomposer l'acide carbonique; l'énergie assimilatrice s'est montrée, chez le Poirier, réduite au $\frac{1}{4}$ environ, et chez la Vigne aux $\frac{3}{10}$; et cependant, au premier abord, on était absolument porté à croire que l'assimilation devait être nulle, ainsi que d'ailleurs M. Zimmermann l'avait admis, après avoir constaté que la formation de l'amidon était suspendue.

(1) On sait qu'il existe d'autres causes capables d'engendrer la chlorose, par exemple l'humidité du sol ou sa trop basse température, le manque de fer, l'absence d'affinité entre le greffon et le sujet, chez les plantes greffées, etc ; mais dans tous les cas l'effet produit sur les feuilles paraît être le même, et c'est la seule chose qui nous importe dans ce travail.

CHAPITRE IV

STRUCTURE ET ASSIMILATION

Nous venons d'exposer sommairement la série des recherches qui ont été entreprises pour mesurer l'intensité de l'assimilation chez des plantes diverses, telles qu'on les trouve habituellement dans la nature, ou placées dans des conditions de milieu spéciales qui ont modifié leur structure et par suite leur aptitude à décomposer l'acide carbonique.

Il faut bien remarquer qu'un certain nombre de ces recherches peuvent ne pas être d'une exactitude rigoureuse, quand il s'agit d'apprécier l'influence de la structure sur la fonction chlorophyllienne, en comparant l'énergie assimilatrice des plantes qui appartiennent à des espèces différentes. En effet, puisque la nature propre des plantes influe sur la décomposition de l'acide carbonique, ainsi que cela ressort nettement des faits que nous avons passés en revue, il aurait fallu, comme le remarque très judicieusement M. Van Tieghem (1), exposer chaque plante à l'effet d'une même radiation constante, à son optimum d'intensité et à son optimum de température. Or, on s'est contenté le plus souvent de réaliser certaines conditions moyennes d'intensité lumineuse et de température et d'y exposer en même temps les plantes parfois très différentes sur lesquelles on expérimente; mais les écarts observés alors dans l'énergie assimilatrice tiennent, en dehors de l'action des facteurs anatomiques, à ce que les plantes étudiées se trouvaient inégalement éloignées de leurs optima respectifs d'intensité lumineuse et de température, et précisément, jusqu'ici, on n'a pas encore déterminé la part de cette influence sur la fonction chlorophyllienne.

---

(1) Van Tieghem. *Traité de Botanique*, t. I, p. 179.

Mais, quand il s'agit d'espèces voisines comparées entre elles, ou de plantes de la même espèce ayant vécu dans des conditions différentes, la critique précédente ne peut vraisemblablement plus être formulée.

Parmi les facteurs tirés des plantes elles-mêmes et qui influent sur l'énergie assimilatrice, les uns sont d'ordre anatomique, les autres d'ordre chimique. Les premiers ont trait surtout au développement et à la différenciation des tissus assimilateurs, à la structure de l'épiderme ou du périderme; les autres sont encore mal déterminés. Nous essayerons d'établir le rôle de chacun d'eux, et nous indiquerons, s'il y a lieu, les différentes hypothèses qui ont été faites à ce sujet, quand l'expérience directe fait défaut.

Et d'abord parlons des tissus assimilateurs. La signification physiologique du *tissu palissadique*, si répandu dans les feuilles, et qu'on rencontre aussi dans certains cas dans les tiges, a beaucoup préoccupé les anatomistes.

Les uns considèrent que ce tissu a pour effet de ralentir la chlorovaporisation; d'autres pensent, comme nous le dirons plus loin, qu'il est surtout destiné à permettre aux rayons lumineux de pénétrer avec facilité dans les tissus sous-jacents; d'autres enfin regardent le tissu palissadique comme étant le tissu assimilateur par excellence. Et, de fait, il ressort nettement des nombreux travaux analysés plus haut, qu'il est bien le régulateur de l'énergie assimilatrice; cette dernière manière de voir n'exclut du reste nullement les deux autres.

M. Haberlandt (1) a essayé d'expliquer comment le tissu palissadique est réellement adapté à l'assimilation chlorophyllienne. Il admet, ce qui d'ailleurs n'est pas prouvé, ce qui est souvent faux même, comme nous le dirons plus loin, que l'énergie assimilatrice des plantes est proportionnelle à la quantité de matière verte qu'elles renferment. Or, les chloroleucites étant à la lumière disposés le long des parois, il faut que celles-ci soient très développées dans un volume de tissu donné pour que l'assimilation soit intense, et c'est précisément ce qui a lieu avec le tissu palissadique. D'autre part, si ces parois sont allongées perpendi-

(1) Haberlandt. *Ber. d. deut. bot. Gesell.*, 1886, p. 206 et *Physiologische Pflanzenanatomie.*

culairement à la surface des feuilles, c'est pour permettre l'enlèvement des produits assimilés par le plus court chemin possible. Malheureusement, on peut opposer à ces explications, à la dernière surtout, un certain nombre de faits anatomiques susceptibles de les mettre en défaut Il est néanmoins certain que le développement du tissu palissadique est dans la dépendance étroite de l'intensité lumineuse et de la direction des rayons, comme l'ont prouvé les expériences de MM. Pick et Stahl, et surtout celles de M. Dufour, sur les plantes croissant à l'ombre et au soleil. Une feuille développée au soleil assimile plus, comme l'a montré M. de Lamarlière, qu'une feuille développée à l'ombre, et la raison en est que le tissu palissadique y a plus d'importance et que la chlorophylle y est plus abondante. On pouvait penser alors, l'effet devenant cause, qu'une feuille qui évolue au soleil doit différencier davantage son parenchyme en palissade.

Or, M. Montemartini (1) a exécuté des expériences intéressantes, tendant à montrer que c'est bien la plus grande activité qui se manifeste dans la nutrition, grâce à une assimilation énergique, qui influe sur la structure des feuilles.

On sait que l'énergie assimilatrice varie beaucoup, suivant la quantité d'acide carbonique contenue dans l'air ambiant. Or, en faisant végéter des plantes dans des atmosphères renfermant des proportions variables de ce gaz, M. Montemartini a remarqué que le tissu palissadique est d'autant plus développé, que la quantité d'acide carbonique se rapproche plus de l'optimum, qui, comme on le sait, est compris entre 5 et 10 p. 100 (2). Ses expériences ont porté sur le *Tropæolum majus*, le *Spinacia oleracea*, le *Pisum sativum*, et l'*Hedera Helix* (fig. 33 et 34). L'importance que prend le tissu palissadique de deux feuilles de la même espèce dépend donc de l'intensité de l'assimilation. Par là se trouve démontré une

---

(1) L. Montemartini. Intorno alla anatomia e fisiologia del tessuto assimilatore delle piante. *Estratto dagli Atti del. r. Istituto botanico dell' Universita di Pavia*, 1895.

(2) M. Teodoresco (*C. R.*, t. CXXVII, p. 335) a montré récemment, en opérant sur *Lupinus albus*, *Phaseolus multiflorus*, *Faba vulgaris*, que les cellules palissadiques sont plus allongées et les espaces aérifères plus développés dans une atmosphère enrichie en acide carbonique que dans l'air dépouillé de ce gaz.

fois de plus, dit M. Jumelle, que dans la nature tous les phénomènes se relient étroitement entre eux, exerçant les uns sur les autres des actions réciproques. Les conditions favorables à l'assimilation, richesse de l'air en acide carbonique, intensité lumineuse forte, provoquent un grand développement des cellules palissadiques; et ce grand développement, à son tour, met la plante en état d'exercer une décomposition plus énergique de l'acide carbonique de l'air.

Ce sont surtout les expériences de Boussingault (1), sur la décomposition de l'acide carbonique par les deux faces d'une

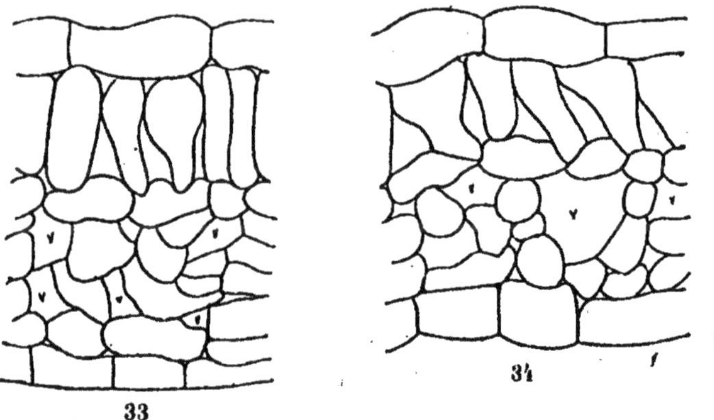

Fig. 33. — Feuille de *Tropæolum majus*; atmosphère riche en acide phosphorique.
Fig. 34. — Feuille de la même plante; atmosphère normale.
(D'après M. Montemartini.)

feuille, qui ont conduit les botanistes à admettre que le tissu palissadique est réellement adapté à l'assimilation chlorophyllienne.

Déjà Ingenhouz (2) croyait avoir remarqué que, lorsque les feuilles sont plongées dans de l'eau de source, elles fournissent un air plus pur, si le soleil donne sur la face vernissée, que lorsqu'il éclaire la face inférieure qui est toujours plus mate. Ses expériences furent faites en 1780, en présence de Benjamin Franklin, sur le *Rhus typhina*, le *Taxus baccata* et

(1) Boussingault. *Agronomie*, etc., t. IV, p. 359. Paris, 1868.
(2) Ingenhouz. *Expériences sur les végétaux*, t. II, p. 193. Paris, 1787.

le *Castanea vulgaris*. Mais la conclusion, dit Boussingault, était prématurée, car l'oxygène dégagé était bien pur dans les deux cas, et ce n'est pas dans l'eau, mais dans l'air, qu'on peut mesurer les différences.

Boussingault a repris les expériences en se servant, cette fois, d'air contenant une forte proportion d'acide carbonique (20 ou même 30 p. 100). Pour isoler l'action d'une face, il collait sur l'autre, à l'aide d'empois d'amidon, une feuille de papier noirci ou il réunissait deux feuilles par la face qui devait être privée de lumière. Il résulte de ces expériences que la face supérieure décompose généralement plus d'acide carbonique que la face inférieure. Pour le Laurier-rose *(Nerium Oleander)* par exemple, les rapports des énergies asssimilatrices de l'*endroit* et de l'*envers* d'une feuille sont en moyenne de 5 à 2 au soleil et de 4 à 3 à l'ombre. De plus, la somme des volumes d'oxygène dégagés sur chaque face fonctionnant séparément est plus grand que le volume décomposé sur les deux faces agissant ensemble. Ces rapports sont de 2 à 1 avec le Framboisier *(Rubus Idæus)* et de 6 à 1 chez le Peuplier blanc *(Populus alba)*, qui présentent des différences de coloration très marquées sur les deux faces, par suite de la présence de poils nombreux à la face inférieure.

Les feuilles à parenchyme mince, comme celles du Platane *(Platanus orientalis)*, du Marronnier *(Æsculus Hippocastanum)*, du Pêcher *(Amygdalus Persica)*, ne décomposent pas plus d'acide carbonique sur une face que sur l'autre. Et il en est ainsi, ce qui se comprend très facilement d'ailleurs, pour les feuilles qui, bien que très épaisses, ont la même structure anatomique sur les deux côtés du limbe (Maïs).

Boussingault remarquant, en outre, que la face supérieure des feuilles de Laurier-rose, de Laurier-Cerise, de Marronnier, de Pêcher, de Peuplier blanc, est dépourvue de stomates, qu'une feuille de Laurier-rose dont on enduit la face inférieure avec du suif conserve la même activité pour la décomposition de l'acide carbonique, en conclut que les stomates ont une influence presque nulle sur la fonction chlorophyllienne. Nous reviendrons plus loin sur ce point.

Pour le moment, retenons ce fait, qu'en général la face supérieure assimile plus que la face inférieure. Il en résulte que le parenchyme en palissade est réellement mieux adapté que le parenchyme spongieux à la décomposition de l'acide carbonique, ce qui concorde avec tous les résultats qui ont été exposés dans les chapitres précédents.

M. Barthélemy (1) a cherché à expliquer les faits mis en lumière par Boussingault. Il se base pour cela sur les lois de la diffusion dues à Graham. D'après ces lois, le passage des gaz au travers d'une membrane colloïdale, comme le caoutchouc, varie avec leur nature. Ainsi, la vitesse de passage de l'azote est 1 et celle de l'acide carbonique 13,6. D'autre part, au travers des parois poreuses, la vitesse de passage est en raison inverse de la densité. Donc, en vertu de la première loi, l'acide carbonique doit se diffuser très vite au travers de la cuticule qui est colloïde comme le caoutchouc; mais, en vertu de la seconde, il doit passer lentement au travers d'une surface percée de trous, puisque sa densité est grande, 1529. Or, la face supérieure des feuilles a peu ou point de stomates; la diffusion de l'acide carbonique a donc lieu au travers de la cuticule, ce qui la rend très active. La face inférieure est, au contraire, stomatifère, et le passage de l'acide carbonique se fait, par suite, lentement.

Cette explication ne paraît nullement satisfaisante (2). En effet, la seconde loi de Graham ne peut être appliquée seule que si la membrane, en dehors des parties trouées, est imperméable, s'il n'y a que filtration par conséquent. Or, ce n'est pas le cas pour l'épiderme inférieur qui laisse, en outre, passer les gaz par dialyse, et ces gaz doivent diffuser plus vite qu'à travers l'épiderme inférieur, puisque la cuticule est moins épaisse. C'est certainement, comme nous le montrerons plus loin, dans le rôle capital et probablement complexe joué par le tissu palissadique, qu'il faut chercher la vraie raison des faits observés par Boussingault.

Mais auparavant, il nous faut examiner dans quelle mesure les rayons lumineux utiles à l'assimilation affaiblissent leur énergie propre en traversant des tissus verts.

M. Timirjazeff a bien montré que la lumière blanche qui a

(1) Barthélemy. *C. R.*, t. LXVII, p. 520, 1868.

(2) Du reste, M. Barthélemy lui-même a admis, dans la suite, que les stomates ne jouent qu'un rôle secondaire dans l'assimilation (voir plus loin).

traversé une dissolution de chlorophylle est devenue incapable de provoquer dans les feuilles le phénomène de l'assimilation, et cela quelle que soit l'intensité de la lumière incidente. Une telle lumière est en effet privée des radiations qui fournissent aux chloroleucites l'énergie nécessaire à la décomposition de l'acide carbonique. Mais la question posée plus haut ne peut pas être résolue en se basant simplement sur l'expérience du savant physiologiste russe. Il y a, en effet, de grandes différences entre une feuille et une dissolution de chlorophylle. Dans une feuille, la matière verte n'est pas uniformément répandue; elle est localisée dans les chloroleucites, lesquels sont plus ou moins régulièrement disposés dans le protoplasme le long des parois. Or, quand le tissu est palissadique, cette disposition pariétale est très nette et laisse libre toute la partie centrale des cellules qui sont, comme on sait, allongées perpendiculairement à la surface de la feuille; une partie de la lumière incidente peut alors atteindre le tissu sous-jacent sans être absorbée en chemin par la chlorophylle. Nous avons déjà dit que certains anatomistes pensent précisément qu'une des raisons d'être du tissu palissadique est de permettre l'éclairement des parties profondes des feuilles, afin que la décomposition de l'acide carbonique puisse s'y produire d'une façon notable. De plus, même quand ces grains de chlorophylle sont irrégulièrement distribués dans le protoplasme, il se produit toujours des réflexions sur leur surface ainsi que sur les membranes, réflexions qui permettent à la lumière de traverser les cellules, tandis qu'à travers une solution de matière verte les radiations lumineuses rencontrent nécessairement, quelle que soit leur marche, des molécules chlorophylliennes.

M. Nagamatz (1), au laboratoire de Sachs, avait essayé de résoudre directement le problème, en plaçant une feuille derrière une autre et en examinant si, dans cette position, elle pouvait encore produire de l'amidon. Il a remarqué qu'un mésophylle de feuille recouvrante n'ayant pas plus de 200 μ d'épaisseur suffisait à arrêter la formation de l'amidon. Mais nous avons déjà dit que cela ne prouve nullement que l'assimilation soit nulle.

---

(1) NAGAMATZ. Beiträge zur Kenntniss der Chlorophyllfunktion. *Arbeiten des botanischen Instituts in Würzburg.* Band III, p. 399.

Aussi M. Griffon (1) a repris cette question en employant, pour mesurer l'énergie assimilatrice, la méthode des échanges gazeux. Il faisait usage d'éprouvettes aplaties enduites d'un vernis noir au sommet et sur les côtés; de cette façon, la lumière ne pouvait arriver dans l'intérieur que par les deux faces planes. Il appliquait sur ces deux faces des portions rectangulaires de feuilles d'une espèce donnée, qu'il maintenait en place au moyen d'anneaux en caoutchouc. Dans l'intérieur de ces éprouvettes se trouvait de l'air contenant de 5 à 10 p 100 d'acide carbonique; une feuille de Troëne (*Ligustrum ovalifolium*) reposait dans cet air sur le mercure. Grâce à des analyses faites avant et après l'expérience, on pouvait voir si cette feuille assimilait ou non derrière l'écran appliqué sur les parois des éprouvettes. Celles-ci, descendues dans un cristallisoir plein d'eau se renouvelant continuellement, de façon à maintenir la température constante, étaient exposées soit à la lumière directe, soit à la lumière diffuse. Des éprouvettes témoins se trouvaient à côté des précédentes : les unes étaient dépourvues d'écran et laissaient par conséquent pénétrer dans leur intérieur toute la lumière; les autres étaient complètement noircies, en sorte que la feuille de Troëne qu'elles contenaient se trouvait à l'obscurité. Nous allons exposer sommairement les principaux résultats de ces recherches.

Derrière une seule feuille il y a toujours décomposition d'acide carbonique. Et il en est ainsi, non seulement avec des feuilles minces, comme celles d'Erable Sycomore (77 μ), de Châtaignier (80 μ), de Hêtre (90 μ), de Marronnier et de Platane (100 μ), d'Orme (115 μ), de Coudrier (150 μ), mais encore avec des feuilles plus épaisses ou plus vertes, comme celles de Canna (175 μ), de Haricot (190 μ), de Vigne-vierge et de Lilas (200 μ), de Poirier (270 μ) et même de Lierre (300 μ) et de Laurier-Cerise (340 μ), d'Iris, de Bégonia, de *Pelargonium lateripes*, de *Saxifraga crassifolia*. Remarquons en passant que toutes les expériences qui ont donné ces résultats avaient été faites à la lumière directe du soleil, la température variant entre 16 et 20 degrés, l'air employé contenant, comme il a été dit plus haut, de 5 à 10 p. 100 d'acide carbonique.

---

(1) GRIFFON. L'assimilation chlorophyllienne dans la lumière solaire qui a traversé des feuilles. *C. R.*, t. CXXIX, p. 1276, 1899.

Par contre, le plus souvent, derrière deux feuilles et dans les mêmes conditions de milieu, il y a généralement dégagement d'acide carbonique. La lumière qui traverse deux feuilles est cependant encore capable, ainsi qu'on peut s'en assurer en comparant les quantités de gaz carbonique produites à la lumière et à l'obscurité et les valeurs du rapport $\frac{CO^2}{O}$ de l'acide carbonique apparu à l'oxygène disparu, de permettre à la fonction chlorophyllienne de se manifester; mais la respiration l'emporte sur l'assimilation et donne son signe à la résultante des deux phénomènes opposés. Pourtant, derrière deux feuilles de Hêtre et de Millet (*Panicum Miliaceum*), c'est l'assimilation qui s'est montrée le plus forte.

Le passage de la lumière à travers une seule feuille affaiblit néanmoins d'une manière notable la force vive des radiations qui servent à la fonction chlorophyllienne. Aussi, derrière une feuille, l'énergie assimilatrice d'un tissu vert se trouve-t-elle réduite dans de fortes proportions. En comparant l'énergie assimilatrice de la feuille de Troëne dans l'éprouvette recouverte d'une feuille et dans l'éprouvette témoin sans écran, M. Griffon a trouvé que, derrière une feuille de Hêtre, cette énergie était 7 fois plus faible qu'à la lumière directe; elle l'était 8 fois plus derrière une feuille d'Erable Sycomore, 10 fois derrière une feuille de Haricot, 12 fois derrière une feuille de Vigne-vierge, 16 fois derrière une feuille de Poirier, 20 fois derrière une feuille de Hêtre.

Mais les résultats qui précèdent varient, comme il fallait s'y attendre, si l'on change les conditions de température et d'éclairement: une température élevée, en effet, exalte la respiration, une intensité lumineuse faible ralentit la décomposition de l'acide carbonique, et, si ces deux circonstances se trouvent réunies, on comprend que l'énergie assimilatrice soit fortement diminuée. A la lumière diffuse, par exemple, une feuille de Vigne-vierge rend l'énergie assimilatrice 24 fois plus faible au lieu de 12 fois seulement à la lumière directe, et une feuille de Lierre abaisse l'assimilation à un degré tel, que la respiration l'emporte, alors qu'à la lumière directe c'est la fonction chlorophyllienne qui domine. D'une manière générale, derrière une feuille à la lumière diffuse et derrière deux feuilles à la lumière directe, l'assimilation est nulle ou elle est marquée par la respiration.

Il importe donc, dans ce genre d'expérience, de bien préciser les conditions de milieu dans lesquelles on opère, si l'on veut essayer d'apprécier, à l'aide des résultats obtenus, l'influence retardatrice qu'exerce sur la fonction chlorophyllienne l'absorption de la lumière par les tissus verts, tels qu'on les rencontre dans les conditions naturelles. Toutefois, étant données les conclusions auxquelles nous arrivons en nous plaçant dans les conditions les plus favorables à l'assimilation (air contenant l'optimum d'acide carbonique, intensité lumineuse forte, température moyenne), on peut admettre, sans craindre d'aller au delà de la vérité, que, derrière un tissu vert assez riche en chlorophylle et présentant 300 μ d'épaisseur, l'assimilation est impossible, et que, si sous un pareil tissu on trouve encore de la matière verte, celle-ci est inutile ou tout au moins joue un autre rôle que celui de décomposer l'acide carbonique.

Lorsque la lumière a traversé des tissus verts, son pouvoir assimilateur se trouve abaissé, non seulement à cause de l'absorption des radiations par la chlorophylle, mais encore par suite de l'absorption due aux parties incolores, membranes et surtout protoplasme. On sait en effet (Sachs, Reinke, Engelmann) que les tissus non verts ne sont pas entièrement transparents et qu'ils retiennent surtout les radiations les plus réfrangibles.

L'action retardatrice due aux parties incolores a été appréciée en comparant l'assimilation dans la lumière solaire qui avait traversé une feuille verte et dans la lumière qui avait traversé une feuille de la même espèce, mais albinotique ou décolorée par l'alcool.

Le rapport des actions exercées par ces tissus verts et par des tissus identiques, mais privés de chlorophylle, varie naturellement avec la quantité de matière verte dans les cellules. En général, derrière une feuille décolorée par l'alcool, l'énergie assimilatrice est de deux à deux fois et demie plus faible qu'à la lumière directe et derrière une feuille albinotique d'une fois et demie à deux fois seulement. Cette différence s'explique parfaitement, si l'on observe qu'une feuille panachée a des chromatophores moins nombreux, plus petits, et est moins épaisse et plus aqueuse qu'une feuille normale, et que le durcissement du protoplasme par l'alcool ne peut, selon M. Engelmann, que diminuer sa perméabilité pour la lumière. En outre, derrière une feuille verte de Tabac (*Nicotiana Tabacum*), l'énergie assimilatrice est cinq fois plus faible que derrière une feuille albinotique de la même plante, et il en est ainsi avec une feuille de Vigne-vierge, de Chêne et de Haricot décolorée par l'alcool. Mais l'effet produit par une feuille verte de Hêtre est 2,7 fois plus grand seulement que celui de la feuille décolorée. Ce rapport s'abaisse exceptionnellement à 1,3 avec la feuille verte et la feuille albinotique de Négondo (*Acer Negundo*).

Or, M. Reinke (1) a déterminé les coefficients d'extinction des feuilles vertes et des feuilles décolorées par l'alcool, et il a trouvé que, pour les différentes radiations lumineuses, les coefficients sont en moyenne 1,6 fois plus faibles seulement avec les feuilles décolorées qu'avec les feuilles vertes. Sans songer à admettre qu'il y ait rigoureusement proportionnalité inverse entre ces coefficients et l'énergie assimilatrice dans la lumière transmise par les feuilles, on peut cependant conclure que l'absorption par le protoplasme, si elle est loin d'être à négliger, est moins importante qu'on eût été conduit à le penser par les recherches de M. Reinke.

Il est donc établi que si, derrière des tissus adultes et bien verts, l'assimilation se trouve ralentie dans des proportions assez grandes ou même complètement arrêtée, c'est surtout à l'absorption des radiations lumineuses par la chlorophylle de ces tissus qu'il faut attribuer l'effet produit.

Il résulte de tout ce qui précède que le rôle d'écran joué par des tissus, surtout s'ils sont chlorophylliens, vis-à-vis de cellules vertes, doit nécessairement influer sur l'énergie assimilatrice de ces dernières. Pour préciser, disons qu'une assise de cellules située immédiatement sous l'épiderme doit assimiler davantage qu'une assise absolument identique située plus profondément; et c'est là encore une des raisons qui nous obligent à conclure à l'insuffisance des procédés de l'anatomie physiologique pour la mesure de l'énergie assimilatrice.

M. Bonnier, dans ses recherches sur l'assimilation comparée des plantes de plaine et de montagne, et M. de Lamarlière, dans ses études sur les Ombellifères, ont cru pouvoir admettre que dans les feuilles le rôle d'écran joué par les assises supérieures vis-à-vis des assises situées au-dessous est peu impor-

(1) Reinke. *Bot. Zeit.*, 1886, p. 161.

tant. Mais, en examinant de près la structure des feuilles employées et les valeurs correspondantes de l'énergie assimilatrice, on comprend qu'il était difficile de conclure d'une façon formelle, d'autant qu'il existe des facteurs autres que ceux tirés de la structure, qui font varier cette énergie.

Il est cependant possible qu'une seule assise palissadique arrête moins la lumière qu'on ne serait porté à le croire, et c'est ce qui paraît ressortir des recherches faites sur l'importance du rôle d'écran joué par les feuilles de Châtaignier et de Marronnier : chez le Châtaignier, les feuilles ne mesurent que 80 μ d'épaisseur et elles arrêtent plus la lumière que celles du Marronnier qui mesurent 100 μ; mais, chez le Châtaignier, le tissu palissadique était moins différencié, ses cellules étaient plus larges et moins allongées, se rapprochant par suite davantage de celles du tissu spongieux.

Evidemment cette expérience est à elle seule bien insuffisante pour permettre de conclure en toute sécurité. En tout cas, elle semble donner raison à MM. Bonnier et de Lamarlière, et aussi à la théorie dont nous avons parlé déjà, et d'après laquelle le tissu palissadique est adapté à la plus facile pénétration de la lumière dans l'intérieur des tissus; cette théorie, disons-le encore une fois, ne contredit nullement celle qui, à notre avis, est essentielle, et que tout ce qui précède établit d'une manière très nette, à savoir que le tissu palissadique est réellement adapté à la fonction chlorophyllienne.

Les tissus chlorophylliens sont parfois séparés de la surface des organes par d'autres tissus qui peuvent retenir plus ou moins la lumière.

C'est ainsi que, dans les bractées de l'involucre des Composées, ils sont situés au-dessous de plages de sclérenchyme. M. Daniel (1) a montré que ces bractées, ne recevant la lumière que par leur surface externe, sont néanmoins capables de décomposer l'acide carbonique. Mais ce résultat important par lui-même ne nous permet pas de nous prononcer sur le degré de transparence du tissu fibreux.

Dans l'écorce des arbres, le parenchyme est très souvent chargé de chlorophylle, et il en est parfois de même pour le liber et les rayons médullaires. Or, ces tissus verts sont

(1) Daniel, *Ann. Sc. nat. Bot.*, 7e série, t. II, p. 1.

généralement enveloppés par une couche plus ou moins abondante de liège. Ce liège est-il toujours suffisamment transparent pour permettre aux chloroleucites de décomposer l'acide carbonique, et, si oui, ce qui est probable, dans quelle mesure l'énergie assimilatrice se trouve-t-elle amoindrie? c'est ce qui n'a pas été encore établi à l'heure actuelle.

Voyons maintenant quelle est l'influence de la structure de l'épiderme sur l'intensité du phénomène assimilateur.

Cet épiderme nous intéresse d'une part par sa cuticule et ses poils, d'autre part par ses stomates.

La cuticule, en effet, suivant son épaisseur, notamment, présente des différences de perméabilité pour les gaz.

Et d'abord, les différents gaz ne la traversent pas tous avec la même vitesse, conformément aux lois de Graham. M. Mangin (1), en opérant avec la cuticule des feuilles les plus diverses (Houx, Lierre, Fusain, Cerisier, Sagittaire, etc.), a trouvé à ce sujet les nombres suivants :

	VITESSE DE PASSAGE
Acide carbonique	1,00
Hydrogène	2,75
Oxygène	5,50
Azote	11,50

Voici maintenant quelques résultats concernant les coefficients de perméabilité des différentes membranes pour l'acide carbonique.

		VOLUME d'acide carbonique diffusant par heure et par cent. carré.
Houx	Face supérieure	0 cc. 0054
	Face inférieure	0 cc. 0088
Fusain du Japon	Face supérieure	0 cc. 067
	Face inférieure	0 cc. 192
Poirier	Face supérieure	0 cc. 052
	Face inférieure	0 cc. 269
Potamogeton perfoliatus, feuille submergée		1 cc. 234
Sagittaire, feuille submergée		2 cc. 241

(1) L. MANGIN, *C. R.*, t. CX, p. 879, 1897; t. CXI, p. 771, 1888, et *Annales de la Science agronomique française et étrangère*, 1888.
L'auteur, pour isoler la cuticule des feuilles, faisait macérer ces dernières dans de l'eau à 10 ou 15 degrés, contenant le *Bacillus Amylobacter*.

On voit ainsi que la perméabilité des différentes cuticules est très inégale, que dans les feuilles aériennes la face supérieure est moins perméable que la face inférieure, que le coefficient de diffusion des plantes aquatiques (qui n'ont pas de stomates) est 5, 10 et 20 fois plus fort que celui des feuilles aériennes.

Chez certaines plantes, la perméabilité de l'épiderme est amoindrie par l'existence d'une matière cireuse qui revêt et imprègne la cuticule. La couche cireuse est particulièrement développée chez quelques Palmiers (*Ceroxylon andicola*, *Klostopkia cerifera*).

Les chiffres suivants montrent l'influence qu'exerce la cire sur la perméabilité des membranes.

		VOLUME D'ACIDE CARBONIQUE diffusant par heure et par cent. carré.	
		feuille normale	feuille dépouillée
Houx	Face supérieure	0 cc. 0035	0 cc. 334
	Face inférieure	0 cc. 0055	0 cc. 456
Poirier	Face supérieure	0 cc. 052	0 cc. 541
	Face inférieure	2 cc. 269	0 cc. 995
Sagittaire, feuille submergée		2 cc. 241	3 cc. 988

Les poils, qui sont si diversement développés sur les feuilles, doivent probablement aussi influer sur l'énergie assimilatrice, en ralentissant les échanges gazeux; mais ce fait n'a pas été encore, que nous sachions, mis en évidence. On n'a pas davantage montré, par des expériences directes d'assimilation, l'action retardatrice due à l'épaisseur de la cuticule.

Mais les gaz ne pénètrent pas seulement dans la plante par *dialyse*, ils traversent encore l'épiderme par *filtration*, grâce aux *stomates*. On sait que ces orifices n'existent pas chez les plantes submergées; chez les plantes aériennes, ils sont plus nombreux à la face inférieure des feuilles qu'à la face supérieure; il y a même des feuilles qui en sont dépourvues sur cette dernière face (Lierre, Tilleul, Vigne-vierge, Aucuba, Pêcher, Marronnier, etc.).

A voir ces organes si répandus dans l'épiderme des feuilles, on a pensé de suite qu'ils devaient être indispensables aux échanges gazeux, aussi bien à ceux de l'assimilation et de la respiration qu'à ceux de la transpiration, comme d'ailleurs on a admis pendant longtemps, sans preuve directe, un rôle analogue pour les *lenticelles* du périderme.

C'est Garreau (1) qui, le premier, a mis ce rôle en évidence pour les stomates. Pour lui, l'entrée et la sortie des gaz dans les organes verts, les feuilles par exemple, ont bien lieu au travers de la cuticule par diffusion, mais elles sont dans la dépendance surtout du nombre des stomates, beaucoup plus que ne l'est le passage de la vapeur d'eau elle-même (2). Mais Boussingault (3), en bouchant les stomates à l'aide de graisse, est arrivé à des conclusions opposées : selon lui, l'acide carbonique pénètre surtout par diffusion au travers de la cuticule et non par filtration au travers des orifices stomatiques.

Selon Barthélemy (4), les feuilles sont traversées par les gaz oxygène, azote et acide carbonique, avec des vitesses comparables à celles que Graham indique pour le caoutchouc. Et l'auteur en conclut, comme Boussingault, que les stomates ne jouent qu'un rôle très secondaire dans la respiration et l'assimilation, qu'en un mot les gaz pénètrent dans les feuilles au travers de l'épiderme par dialyse et non par filtration.

Après des conclusions opposées de Müller (5) et de Merget (6), M. Mangin (7) a repris la question. Pour se rendre compte du rôle des stomates, ce savant enduit les feuilles d'une couche de gélatine glycérinée, substance qui ne présente pas de résistance au passage des gaz, ne gêne donc pas l'osmose, mais arrête la filtration. Deux feuilles aussi semblables que possible enduites de gélatine, l'une à la face supérieure,

---

(1) Garreau. *Ann. Sc. nat. Bot.*, 3e série, t. XIII, p. 321, 1850.

(2) Merget (*C. R.*, t. LXXXIV, p, 376, 1877, et t. LXXXIV, p. 957), puis Stahl et d'autres physiologistes ont bien montré le rôle joué par les stomates dans la transpiration et la chlorovaporisation.

(3) *Loc. cit.*

(4) Barthélemy. *C. R.*, t. LXXVII, p. 427, 1873, et t. LXXXIV, p. 663, 1877.

(5) Muller. *Jahrb. agrik. Chemie.*, t. XVI, p. 270, 1873.

(6) *Loc. cit.*

(7) *Loc. cit.* MM. Wiesner et Molisch (*Sitzungsb. d. Wien. Akad. d. Wissensch.*, t. XCVIII, 1889, p. 670) font remarquer que le procédé de M. Mangin est défectueux, parce que la gélatine se laisse traverser facilement par les gaz, de sorte que, là où les stomates sont bouchés, la diffusion est trop grande et que de plus cette substance se fendille assez vite.

l'autre à la face inférieure, sont ensuite placées à l'obscurité, chacune dans une éprouvette contenant le même volume d'air normal. Après l'expérience, on analyse l'atmosphère entourant les feuilles et on constate que le phénomène respiratoire est moins intense quand les feuilles sont gélatinées à la face inférieure, c'est-à-dire quand les stomates sont bouchés, comme le montrent les chiffres suivants :

		FEUILLES GÉLATINÉES	
		face inférieure (stomates libres)	face supérieure (stomates bouchés)
Poirier	CO^2 dégagé.	7,97 p. 100	13,86 p. 100
	O absorbé.	10,10 —	17,53 —
Pommier	CO^2 dégagé.	4,95 —	12,86 —
	O absorbé.	6,61 —	21,80 —
Bupleurum fruticosum.	CO^2 dégagé.	4,27 —	4,99 —
	O absorbé.	4,22 —	5,67 —
Laurier-rose	CO^2 dégagé.	2,82 —	4,03 —
	O absorbé.	3,87 —	5,05 —

En opérant de même, mais à la lumière et dans de l'air chargé d'acide carbonique, M. Mangin a pu montrer que l'assimilation du carbone se trouve encore plus affaiblie que la respiration.

		FEUILLES GÉLATINÉES	
		face inférieure (stomates libres)	face supérieure (stomates bouchés)
Bupleurum fruticosum.	CO^2 absorbé.	4,91 p. 100	7,83 p. 100
	O dégagé. .	5,07 —	9,43 —
Fusain du Japon	CO^2 absorbé.	1,15 —	2,99 —
	O dégagé. .	1,37 —	3,43 —
Troëne	CO^2 absorbé.	1,92 —	6,26 —
	O dégagé. .	1,92 —	6,51 —

Les stomates sont donc nécessaires, conclut M. Mangin, pour assurer la production normale des échanges gazeux chez les plantes aériennes, les membranes continues n'étant pas, chez ces dernières, suffisamment perméables.

M. Stahl (1) recouvre de cire la face stomatifère d'une feuille et constate qu'il n'y a plus de granules amylacés dans les

(1) STAHL. *Bot. Zeit.*, 1894, p. 18.

chloroleucites : il admet alors que l'assimilation est suspendue, que les stomates par suite sont nécessaires ; mais nous avons déjà eu l'occasion de dire que la non-formation d'amidon n'implique nullement la suspension radicale de l'assimilation. Il est probable que celle-ci est simplement affaiblie, mais, comme les parties non perforées de la cuticule sont rendues moins perméables par le dépôt de cire, il est difficile de dégager, dans la réduction de l'énergie assimilatrice, les parts respectives qui reviennent au ralentissement de la dialyse et à celui de la filtration.

Enfin, M. Blackmann (1) a cru trouver la raison de la contradiction qui existe entre les résultats de Boussingault et ceux des autres expérimentateurs, de M. Mangin par exemple. Pour lui, les stomates constituent pratiquement le seul passage pour le gaz carbonique. Lorsque les stomates sont bouchés, il y a osmose appréciable de l'acide carbonique, si la tension de ce gaz dans l'atmosphère ambiante est assez forte, et c'est précisément ce qui avait lieu dans les expériences de Boussingault. La proportion de l'acide carbonique dans l'air n'est pas suffisante pour qu'il y ait osmose dans une feuille à stomates fermés.

Une feuille de Laurier-rose décompose plus d'acide carbonique par sa face supérieure que par sa face inférieure, et pourtant celle-ci a des stomates et l'autre n'en a pas. Y aurait-il donc là contradiction avec les résultats de MM. Mangin et Blackmann ? En aucune façon. Il est infiniment probable, d'après ce qui a été dit plus haut du rôle d'écran joué par les cellules vertes, que le fait d'avoir exposé à la lumière directe la face inférieure abaisse l'énergie assimilatrice, parce que le parenchyme qui décompose le plus d'acide carbonique est masqué par le parenchyme lacuneux qui, lui, assimile relativement moins. Ce qui a conduit Boussingault à nier le rôle des stomates, c'est que cette différence d'assimilation sur les deux faces existe encore quand, la face supérieure recevant la lumière, on bouche les stomates de la face inférieure avec de la graisse. M. Blackmann pense, il est vrai, d'après ses expériences, que l'assimilation plus faible par la feuille à stomates ouverts, et dont la face inférieure est tournée vers

(1) Blackmann. *Philosoph. Transact. Roy. Soc.*, t. CLXXXVI, p. 48, 1895.

la lumière, est due à ce que cette feuille recevait trop d'acide carbonique : quand les stomates sont bouchés artificiellement avec de la graisse, l'acide carbonique pénètre alors lentement par la face supérieure sans stomates à travers la cuticule; ce gaz ne se trouve pas en excès dans la feuille et l'assimilation en est favorisée.

Quoi qu'il en soit des résultats de MM. Mangin et Blackmann, il serait au moins téméraire d'en déduire l'influence que peut avoir le nombre des stomates dans des feuilles données sur l'énergie assimilatrice. Aucune recherche directe jusqu'ici n'a été tentée dans ce sens; que serait par exemple l'assimilation dans deux feuilles absolument identiques, mais dont l'une aurait un nombre de stomates double de l'autre? On a bien comparé, ainsi que nous l'avons vu, au point de vue assimilateur, des feuilles qui différaient entre elles par le nombre des stomates, mais d'autres différences existaient en même temps, et il est impossible d'indiquer dans l'effet produit la part qui revient aux premières.

Si l'énergie assimilatrice est dans la dépendance étroite du développement du tissu palissadique, elle varie aussi avec la *quantité de chlorophylle* contenue dans l'organe étudié. Toutefois, il est rare que l'on puisse jamais constater une proportionnalité rigoureuse entre la quantité de matière verte et l'intensité avec laquelle l'acide carbonique est décomposé. Et il y a à cela bien des raisons.

L'une des plus importantes est que la disposition des chloroleucites dans les cellules exerce une influence sur l'énergie assimilatrice, que par conséquent deux tissus ayant la même quantité de matière verte, mais répartie différemment, n'assimileront pas avec la même intensité.

La structure du parenchyme surtout intervient. Par exemple, deux feuilles également riches en chlorophylle pourront décomposer des quantités différentes d'acide carbonique si le mésophylle est inégalement différencié; à plus forte raison en est-il ainsi si, au lieu de comparer deux organes semblables, comme deux feuilles, on compare deux organes différents, comme une feuille et une tige, ou un fruit, qui peuvent avoir de la chlorophylle en même quantité, alors que leurs volumes et leurs surfaces présentent des écarts notables et qu'il y a au centre des tiges et des fruits, comme dans les plantes grasses, des tissus qui respirent et n'assimilent pas, ce qui ne se rencontre point chez les feuilles ordinaires.

Rappelons en outre qu'une même cellule verte décomposera plus d'acide carbonique si elle est sous-épidermique que si elle est située au-dessous d'une ou plusieurs assises également vertes, car alors ces dernières absorbent une partie des radiations qu'utilisent les chloroleucites pour exercer leur fonction assimilatrice.

Du reste, on a des preuves directes de la non-proportionnalité entre la quantité de chlorophylle et l'énergie assimilatrice.

M. Gilbert (1), à Rothamsted, s'est occupé précisément des relations qui existent entre le degré de la coloration verte chez des plantes de même espèce et les quantités de carbone assimilé. Il a trouvé que la coloration et la richesse en chlorophylle sont plutôt en rapport avec la teneur en matières azotées qu'avec la fixation du carbone.

En effet, le foin des Légumineuses est plus riche en azote que celui des Graminées et renferme plus de chlorophylle. Mais les Légumineuses fixent moins de carbone que les Graminées par rapport à l'azote assimilé. Le Blé et l'Orge qui n'ont reçu comme engrais que des sels ammoniacaux renferment plus d'azote et plus de chlorophylle que les mêmes plantes ayant reçu une fumure composée de sels ammoniacaux et de sels minéraux, et cependant les poids de carbone assimilé à l'hectare ont été moindres quand la fumure ne comportait pas de matières minérales.

Si cette vérification n'était pas suffisante, on n'aurait qu'à examiner à nouveau les nombreux travaux qui ont été passés en revue dans les deux chapitres précédents traitant des variations de l'énergie assimilatrice avec la structure. On se rappelle, par exemple, le cas de deux feuilles de Cannas dont l'une a plus de chlorophylle que l'autre et qui cependant n'assimile pas davantage.

M. Montemartini (2), en étudiant les relations qui existent entre la quantité de chlorophylle et l'énergie assimilatrice, est arrivé à ce résultat singulier, qui semble être en contradic-

(1) Dr Gilbert. *Gardener's Chronicle*, 1885.
(2) L. Montemartini. *Loc. cit.*

tion avec ses recherches antérieures, à savoir qu'une quantité donnée de chlorophylle assimile davantage dans un tissu spongieux que dans un tissu palissadique, que ce dernier est plutôt destiné à empêcher la transpiration d'être trop forte, qu'à favoriser la décomposition de l'acide carbonique.

L'auteur, en effet, par le procédé colorimétrique, a dosé quantitativement la chlorophylle dans les feuilles d'ombre et de lumière et il a vu que les premières contenaient en moyenne 1,6 fois moins de matière verte que les secondes. Or, M. de Lamarlière a trouvé que le rapport des énergies assimilatrices chez ces feuilles est plus petit que 1,5. Comme le parenchyme spongieux domine dans les feuilles d'ombre, M. Montemartini en conclut que c'est la prépondérance de ce tissu qui permet à l'énergie assimilatrice d'être moins différente qu'on serait tenté de le supposer de celle qui se manifeste chez les feuilles développées au soleil.

Mais nous ferons remarquer que les rapports trouvés par M. de Lamarlière sont plutôt voisins, pour le Chêne et le Hêtre, de 1,5 et 1,6, ce qui prouverait que, dans ce cas, il y a proportionnalité entre la quantité de chlorophylle et l'énergie assimilatrice. Cette proportionnalité se rencontre, il est vrai, rarement, ainsi que nous l'avons dit; de plus, les feuilles d'ombre ont des épidermes peu cuticularisés, très perméables par conséquent; et enfin, qui sait si leurs chlorophylles sont les mêmes qu'en plein soleil, si la matière protoplasmique des chloroleucites a la même activité en ce qui concerne la décomposition de l'acide carbonique ? Il y a là, comme on le voit, tout un ensemble de facteurs qui rendent illusoire la comparaison faite par M. Montemartini et entachent de doute sa conclusion.

M. Montemartini fait observer, en outre, que, selon M. Haberlandt, un parenchyme en palissade renferme à peu près 3 ou 4 fois plus de chlorophylle qu'un tissu spongieux. Or, Boussingault a trouvé que la face supérieure d'une feuille décompose en moyenne 2, 3 fois plus seulement d'acide carbonique que la face inférieure, d'où il résulterait qu'une même quantité de chlorophylle assimile davantage dans un tissu lacuneux que dans un tissu palissadique. C'est là encore une interprétation vraiment risquée; il ne faut pas confondre la production interne de l'oxygène, à la suite du processus assimilateur, et la sortie de ce gaz par l'une ou l'autre face des feuilles. On ne peut raisonnablement pas soutenir que la quantité d'oxygène qui sort par une face mesure l'énergie assimilatrice du tissu sous-jacent. Dans les expériences de Boussingault, il ne s'agit jamais d'assimilation propre du tissu palissadique ou du tissu lacuneux, mais bien d'assimilation totale des deux parenchymes, une face seulement recevant la lumière et pouvant permettre le passage des gaz.

Le développement du tissu palissadique et des lacunes, l'importance relative des tissus chlorophylliens et des tissus incolores dans un organe, et leur mode de répartition, la distribution des chloroleucites dans les cellules, le rôle d'écran joué par les assises vertes vis-à-vis des assises situées plus profondément, peut-être l'épaisseur de la cuticule, la présence des cires épidermiques, le nombre des stomates et le développement des poils, tels sont donc les facteurs anatomiques que l'on peut invoquer pour expliquer les variations de l'énergie assimilatrice. Ajoutons à cette liste un facteur essentiel, mais d'ordre chimique, quoique appréciable dans une certaine mesure anatomiquement : la quantité de matière verte.

Certes, si tous ces facteurs présentaient *ensemble* des variations dont les effets soient différents les uns des autres dans deux organes chlorophylliens, il serait impossible, après avoir mesuré l'énergie assimilatrice, de déterminer l'influence propre de chacun d'eux sur la décomposition de l'acide carbonique. A plus forte raison, les valeurs comparées de cette énergie ne pourraient-elles être connues sans le secours de l'expérience et en se basant uniquement sur des déductions anatomiques.

Nous sommes encore loin, à l'heure actuelle, d'être en mesure d'attribuer des coefficients précis à l'action des facteurs que nous venons de rappeler.

Il est vrai que, très souvent, les comparaisons portent sur deux organes dont quelques facteurs seulement, sinon un facteur unique, ont subi des modifications. Si toutes ces dernières sont concordantes au point de vue de l'effet produit, ou si l'une d'elles, très importante, prédomine de beaucoup sur les autres, on peut assez souvent prévoir le sens de la variation de l'énergie assimilatrice; mais il est impossible d'en indiquer la valeur.

Il y a plus. L'examen comparatif de deux organes, de deux

feuilles par exemple, conduit parfois à des conclusions qui contredisent les résultats expérimentaux.

Nous sommes donc obligés d'admettre qu'en dehors des facteurs anatomiques qu'on invoque à chaque instant et de la quantité de chlorophylle, il doit en exister d'autres, que l'anatomie ne connaît pas, que la physiologie ne sait pas interpréter sinon révéler, et qui influent sur la décomposition de l'acide carbonique.

Quels peuvent bien être ces facteurs ?

Quand on voit des plantes riches en chlorophylle ne pas dégager d'oxygène à la lumière comme le font d'autres plantes vertes leurs voisines ; quand on voit deux feuilles à structure semblable, appartenant à des variétés de la même espèce, mais possédant des quantités de chlorophylle très différentes, décomposer néanmoins l'acide carbonique avec la même intensité, on ne peut s'empêcher de songer à la possibilité de l'existence de matières vertes distinctes et dont la spécificité retentirait sur la fonction chlorophyllienne.

Et ce n'est pas là une hypothèse purement gratuite. Des observations microspectroscopiques de M. Engelmann viennent en confirmer la légitimité. On sait que, grâce à une méthode très ingénieuse, ce savant peut se rendre compte de la valeur relative de l'énergie assimilatrice chez des cellules vertes prises isolément, ce qui élimine ces facteurs si nombreux, d'importance mal connue, dont nous avons parlé plus haut, et qui agissent sur la décomposition de l'acide carbonique. Il pense que, contrairement à ce qu'ont admis Kraus et ses successeurs, il n'est pas possible d'expliquer tous les tons du vert au jaune des feuilles dorées par deux substances, la cyanophylle et la xanthophylle. Il a vu, dit-il, dans des cellules vertes d'une même espèce, des différences d'absorption en fonction de la longueur d'onde, qui ne peuvent s'expliquer que par des chromophylles distinctes. L'auteur s'empresse d'ajouter, il est vrai, que dans le plus grand nombre des cas il y a un accord optique très remarquable entre les cellules vertes appartenant à des espèces et même à des genres différents (1).

L'expression de *chromophylle*, employée il y a déjà long-

(1) *Loc. cit.*

temps par M. Engelmann, se trouverait donc justifiée, non pas seulement par l'existence de matières à absorption bleues, rouges, brunes, que nous avons vues chez les Algues et certaines Bactéries, mais encore par la pluralité des matières vertes.

En ce qui concerne les pigments des Algues et des Bactéries, rappelons qu'ils joueraient, selon M. Engelmann, un rôle assimilateur; mais l'expérience directe macroscopique ne l'a pas encore vérifié.

Examinons maintenant ce qui a trait aux matières colorantes des chloroleucites. On sait que ces derniers sont teints par deux substances, sinon par deux groupes de substances, la xanthophylle et la chlorophylle. La xanthophylle aurait aussi un rôle assimilateur, d'après M. Engelmann, mais les expériences directes faites sur les feuilles étiolées, sur le Sureau à feuilles dorées, tendent à montrer qu'il n'en est rien.

Considérons donc uniquement les matières vertes que jusqu'ici on désignait du nom de chlorophylle et dont on admettait l'unité.

Or, il résulte des travaux de MM. Armand Gautier et Etard, que ces matières vertes sont en réalité très nombreuses.

M. Armand Gautier, en effet, à la suite de recherches analytiques, est arrivé à cette conclusion, qu'il y a au moins trois groupes de matières vertes, l'un pour les Dicotylédones, l'autre pour les Monocotylédones et le troisième pour les Cryptogames.

Avant lui, Angström, en 1854, par des recherches spectroscopiques, et Hortsmar, en 1855, au point de vue chimique, avaient été conduits à admettre que la chlorophylle des Algues est différente de celle des Phanérogames; Hérapath, en 1869, émettait même l'opinion que chaque plante doit posséder une chlorophylle spéciale.

M. Etard (1) est allé plus loin dans cette voie : c'est ainsi que de la Luzerne il a pu isoler quatre chlorophylles distinctes, dont deux ont été caractérisées par lui au double point de vue spectroscopique et chimique, la médicagophylle α et la médicagophylle β, qui ont pour formules $C^{28}H^{45}AzO^{4}$ et

(1) Etard. Les chlorophylles. *Ann. de Chim. et de Phys.*, 7e série, t. XIII, 1898, p. 1. Chlorophylles et chlorophylles des Fougères. *Ann. de l'Institut Pasteur*, t. XIII, 1899, p. 456.

$C^{42}H^{63}AzO^{14}$. Récemment, il a obtenu d'une Fougère commune, l'*Aspidium filix-fœmina,* trois espèces d'aspidiophylles dont les formules respectives sont $C^{208}H^{347}O^{88}Az$, $C^{210}H^{220}O^{31}Az^{8}$ et $C^{84}H^{346}O^{48}Az^{20}$.

L'auteur opère sur des poids considérables de feuilles sèches, 10 kilogrammes environ, afin de pouvoir effectuer toutes les séparations nécessaires. Grâce à sa méthode, il pense qu'on pourra augmenter indéfiniment le nombre des chlorophylles et avoir un jour, sur ces matières placées à l'origine de la vie, une plus haute idée d'ensemble.

La spectrométrie lui a servi à confirmer les résultats de l'analyse. En effet, les espèces chimiques chlorophylliennes donnent des bandes d'absorption dont les axes ont des positions différentes et que l'on peut déterminer avec précision, à la condition d'opérer avec une solution d'épaisseur donnée et de concentration définie, le dissolvant étant toujours le même.

M. Etard fait observer avec juste raison que cette question des chlorophylles n'est pas simple. Par la spectrométrie, dit-il, elle est d'ordre physique; par la composition centésimale et les propriétés solutives, elle est chimique; par la vie, elle est biologique; et il n'est pas possible, en ces matières, de ne s'occuper que d'une seule chose.

Mais, si des résultats positifs ont été obtenus aux deux premiers points de vue, il n'en est plus de même pour le troisième.

Ici nous sommes à peu près en pleine hypothèse.

Selon M. Etard, « il s'agit pour la plante de faire les synthèses prescrites par son hérédité. Chaque molécule chlorophyllienne particulière a son mode de sélection des radiations. Les bandes, sortes de tourbillons opto-chimiques, mettent en contact l'énergie avec la matière. Par les bandes et les propriétés découlant de leur structure chimique, les chlorophylles construisent des molécules spéciales, les abandonnent par une sorte de desquamation, les versent dans le milieu cellulaire et, comme dans tout acte de vie, recommencent leur cycle ».

Les actions de la synthèse végétale conduisant à des corps gras insolubles dans l'eau et à des matériaux éminemment solubles, les sucres, une seule chlorophylle ne saurait suffire à ces travaux. Certaines chlorophylles, solubles dans le pentane, seraient, par leur dédoublement dans les cellules, les instruments de la production chimique des essences et des huiles. D'autres, insolubles dans les carbures, déjà miscibles à l'eau et très riches en oxygène, tendraient en se dédoublant à produire les hydrates de carbone, les tanins et les extraits.

La *pluralité des chlorophylles* aurait donc ainsi sa signification physiologique. Mais cette pluralité a-t-elle une influence sur la décomposition de l'acide carbonique ? Y a-t-il sous ce rapport des matières vertes inactives ; et celles qui agissent communiquent-elles toutes au protoplasme des chloroleucites la même énergie ? A l'heure actuelle, on ne peut répondre catégoriquement à cette question si importante.

Quelques auteurs, comme nous l'avons dit, ont, il est vrai, été obligés de faire appel à d'autres facteurs que les facteurs anatomiques, à la diversité d'action des chlorophylles par exemple, pour expliquer certains résultats obtenus par eux sur l'énergie assimilatrice. Mais ces déductions sont loin d'être des preuves formelles, et elles ont été produites d'ailleurs avec toute la prudence qui convient en pareille matière.

C'est qu'en effet la question est plus complexe qu'on ne le croirait de prime abord. Deux feuilles de structure identique et de même âge, dont l'une contient moins de chlorophylle que l'autre, décomposent l'acide carbonique avec la même intensité ; on peut conclure de ce résultat, qu'on est en présence de matières vertes différentes, qui agissent inégalement sur l'assimilation, et les travaux de M. Etard nous autorisent à faire cette hypothèse (1) ; celle-ci, d'ailleurs, prend d'autant plus de force, qu'on est obligé plus souvent d'y avoir recours.

Mais il faut remarquer que, dans un chloroleucite, la matière verte n'intervient pas seule pour décomposer l'acide carbonique, ainsi que l'avait annoncé M. Regnard : d'après les idées admises à l'heure actuelle, c'est le protoplasme imprégné par les pigments absorbants qui utilise l'énergie emmagasinée par ces derniers et l'emploie à organiser le carbone aérien.

Pourquoi ne pourrait-on pas supposer que ce substratum vivant n'a pas la même activité dans toutes les cellules vertes ? On sait, par exemple, que le protoplasme incolore respire,

(1) Il est bon de dire toutefois que, dans ces cas particuliers, les auteurs n'ont pas cherché à mettre en évidence la diversité des chlorophylles.

mais que la quantité d'acide carbonique dégagé par unité de volume est très variable selon les plantes; ainsi les feuilles grasses, comme celles de l'Agave *(Agave americana)* et celles des herbes des marais comme le Flûteau *(Alisma Plantago)*, n'absorbent en vingt-quatre heures que 0,7 à 0,8 de leur volume d'oxygène; les feuilles persistantes des arbres toujours verts en consomment 3 ou 4 fois environ leur volume et les feuilles caduques des arbres, comme celles du Prunier *(Prunus)* et du Hêtre *(Fagus)*, jusqu'à 8 fois. On sait aussi que l'énergie respiratoire varie avec la nature de l'organe et l'âge de la plante; cette énergie est très grande pour les fleurs, les bourgeons, les embryons en germination. M. Palladine a montré récemment qu'elle est proportionnelle à la quantité de matières azotées non digestibles situées dans les cellules; les choses se passent, d'après lui, comme s'il y avait un protoplasme respiratoire unique et des protoplasmes variés tombés dans l'indifférence chimique vis-à-vis de l'oxygène moléculaire : c'est de la proportion du premier dans l'ensemble que dépendrait l'intensité de la respiration. Enfin, depuis la découverte des *oxydases*, on incline à penser que ce sont des ferments solubles de ce groupe qui président à l'accomplissement du phénomène respiratoire, en portant l'oxygène de l'air sur la matière vivante (1).

La formation de l'amidon dans les chloroleucites est probablement le résultat de l'action d'une diastase coagulante sur des dextrines provenant d'un travail synthétique préparatoire qui s'exerce sur l'eau et l'acide carbonique.

Mais ces dextrines, ou les sucres, si l'on admet que la synthèse chlorophyllienne s'arrête à ce terme, quelle est leur origine ? A l'heure actuelle, de nombreuses explications théoriques sont proposées, mais aucune d'elles n'est accompagnée de preuves décisives. Peut-être se trouve-t-on encore en présence d'une action diastasique opérant cette fois la synthèse des sucres; or, cette synthèse étant endothermique et les

(1) En 1894, M. Maquenne (*Annales agronomiques*, t. XX, p. 528) a étudié l'énergie respiratoire des feuilles ayant séjourné un certain temps dans le vide et il a observé qu'elle se trouvait notablement activée. Il en conclut que, dans l'acte de la respiration, il pourrait bien y avoir combustion lente d'un principe élaboré sur place, qui continuerait à se former et par conséquent s'accumulerait en l'absence d'oxygène.

actions diastasiques que nous connaissons les mieux dégageant toutes de la chaleur, accomplissant en un mot un travail positif, ce seraient les *chromophylles* qui fourniraient à la diastase l'énergie étrangère nécessaire à son fonctionnement.

L'assimilation chlorophyllienne étant ramenée à une série de phénomènes accomplis par des *diastases*, on comprend qu'elle puisse être plus ou moins intense, suivant la variabilité d'action de ces dernières. Cette variabilité, dit M. Duclaux, doit exercer une influence très grande sur la vie intracellulaire, puisque la diastase peut trouver, pour des changements très faibles dans la réaction du protoplasme, des conditions qui, tantôt exagèrent son action, tantôt l'annihilent, qui lui permettent de résister aux agents chimiques et physiques de sa destruction ou qui augmentent au contraire sa fragilité.

Que si l'on refuse une action quelconque aux diastases dans la synthèse des sucres, il n'en reste pas moins que le *substratum vivant* des chloroleucites doit intervenir, puisqu'il n'y a pas de décomposition du gaz carbonique sans lui, et on peut bien admettre que son activité ne soit pas la même pour toutes les plantes.

Dans l'une ou l'autre hypothèse, il ne serait donc plus nécessaire d'invoquer la diversité des chlorophylles pour expliquer les variations de l'énergie assimilatrice; retenons en outre que les facteurs nouveaux de ces variations échappent, à raison de leur nature, aux investigations des anatomistes.

On voit par là combien l'expérimentation physiologique et les recherches physico-chimiques sur le contenu cellulaire sont loin d'avoir dit leur dernier mot en ce qui concerne le mécanisme intime de l'assimilation chlorophyllienne et les relations entre cette fonction et la structure des plantes; combien elles sont susceptibles, par suite, de conduire à des découvertes fécondes dans le domaine encore si peu exploré de l'assimilation spécifique.

CONCLUSION

On sait que l'organisation du carbone aérien se produit dans les plantes grâce à l'énergie emmagasinée par des matières à absorption, les chromophylles, lesquelles se trouvent presque toujours localisées dans de petites masses protoplasmiques appelées leucites ou plastides.

Parmi ces chromophylles, le groupe le plus répandu, celui de la chlorophylle, n'est pas représenté par une substance unique, comme on l'a cru pendant longtemps : il comprend au contraire, d'après M. Etard, une infinité d'espèces que l'on peut caractériser par la constitution chimique et les propriétés spectrales.

Quant aux chromophylles bleues, rouges ou brunes des Algues et de quelques Bactéries, elles auraient, selon M. Engelmann, le pouvoir de servir à la décomposition du gaz carbonique, et il en serait de même pour la xanthophylle, substance jaune qui accompagne toujours la matière verte dans les chloroleucites, qu'on rencontre seule ou presque seule dans les parties étiolées et panachées des plantes; mais ces faits n'ont pas encore pu être vérifiés par les méthodes expérimentales directes.

Enfin, l'anthocyanine des feuilles rouges, désignée aussi du nom d'érythrophylle, n'a pas de rôle assimilateur, mais ses propriétés spectrales sont telles, qu'elle gêne fort peu ou pas du tout la fonction chlorophyllienne.

Si l'on compare entre elles les intensités avec lesquelles les plantes diverses, les feuilles surtout, décomposent l'acide carbonique, on s'aperçoit que ces intensités sont très inégales. Il y a une énergie assimilatrice particulière, non seulement à chaque espèce, mais parfois à chaque variété, sinon à chaque individu.

Lorsqu'il s'agit de feuilles, cette énergie assimilatrice doit être mesurée, autant que possible, par la quantité d'acide carbonique décomposé ou d'oxygène dégagé par l'unité de surface dans l'unité de temps; la méthode de Sachs, qui consiste à évaluer les quantités d'amidon formé, est basée sur de fausses conceptions théoriques et conduit le plus souvent à des résultats inexacts.

Les facteurs qui font varier l'énergie assimilatrice dans une plante donnée, abstraction faite des conditions de milieu, sont d'ordre anatomique et chimique. Les deux plus importants d'entre eux, le développement du tissu palissadique et la quantité de chlorophylle, suffisent très souvent à expliquer, une fois l'expérience faite, les différentes valeurs de l'énergie assimilatrice. Il faut ajouter à ces deux facteurs essentiels la proportion des tissus incolores qui ne font que respirer à la lumière et affaiblissent d'autant les dégagements d'oxygène, la présence des acides organiques, et aussi l'épaisseur de la cuticule, l'existence de cires épidermiques, le développement des poils, le nombre des stomates, le rôle d'écran joué par les assises superficielles vis-à-vis des cellules vertes situées plus profondément.

Comme les coefficients d'influence de ces facteurs ne sont pas nettement déterminés, il est impossible de prévoir les valeurs respectives de l'énergie assimilatrice pour des plantes données.

Les écoles anatomiques d'après lesquelles on pourrait, par de simples déductions, fixer à l'avance l'intensité des fonctions physiologiques, de l'assimilation chlorophyllienne par exemple, sont, en fait, entachées d'impuissance. C'est à l'expérience seule qu'il faut demander les solutions qui conviennent à chaque cas particulier.

Bien plus, il arrive même que des résultats expérimentaux ne peuvent être interprétés convenablement en tenant compte de l'action des facteurs énumérés plus haut. On est obligé alors de faire intervenir d'autres facteurs, d'ordre chimique, et inaccessibles aux investigations anatomiques, peut-être la nature propre des matières vertes, ou plutôt l'activité particulière du protoplasme des chloroleucites qui intervient dans le phénomène assimilateur, soit directement, soit par l'intermédiaire des diastases, ces dernières, en effet, nous apparaissant maintenant comme les agents essentiels du fonctionnement de nos tissus.

Nous possédons, il est vrai, sur l'importante question de l'assimilation spécifique, un certain nombre de résultats intéressants, et qui ont été passés en revue au cours de ce travail. Mais les plantes présentent dans leur structure tant de variations, dont les unes sont héréditaires et les autres dues à l'influence du milieu, que nos connaissances actuelles sont encore peu de chose, par rapport à l'abondante moisson de découvertes que nous réserve, dans ce vaste domaine, l'expérimentation.

Paris. — L. Maretheux, imprimeur, 1, rue Cassette. — 18506.

www.ingramcontent.com/pod-product-compliance
Ingram Content Group UK Ltd.
Pitfield, Milton Keynes, MK11 3LW, UK
UKHW021547260726
13993UKWH00002B/682